FORSCHUNGSBERICHTE
DES WIRTSCHAFTS- UND VERKEHRSMINISTERIUMS
NORDRHEIN-WESTFALEN

Herausgegeben von Staatssekretär Prof. Leo Brandt

Nr. 179

Dipl.-Ing. H. F. Reineke

Entwicklungsarbeiten auf dem Gebiete der Meß- und Regeltechnik

Im Auftrage
der Firma Apparatebau Josef Heinz Reineke KG., Bochum

Als Manuskript gedruckt

SPRINGER FACHMEDIEN WIESBADEN GMBH

ISBN 978-3-663-03626-5   ISBN 978-3-663-04815-2 (eBook)
DOI 10.1007/978-3-663-04815-2

Forschungsberichte des Wirtschafts- und Verkehrsministeriums Nordrhein-Westfalen

Gliederung

A. Entwicklung von Regel-, Meß- und Sicherheitsanlagen für die Absaugung von Gruben-Methan und seine Verwertung über Tage . . S. 5

B. Entwicklung eines hydraulischen Kleinreglers für Schalttafeleinbau . . . . S. 12

C. Entwicklung eines neuen Handkalorimeters . . . . S. 17

D. Weiterentwicklung eines automatischen Kalorimeters . . . . . . S. 24

E. Entwicklungsarbeiten auf dem Gebiete der Heizwert- bzw. Mischgasregelung, insbesondere zur Spitzengasdeckung . . . . . S. 29

F. Literaturverzeichnis . . . . S. 34

Forschungsberichte des Wirtschafts- und Verkehrsministeriums Nordrhein-Westfalen

A. Entwicklung von Regel-, Meß- und Sicherheitsanlagen für die Absaugung von Gruben-Methan und seine Verwertung über Tage

Bekanntlich fallen in den Untertagebetrieben der Bergwerke größere Mengen an sogenanntem Grubengas, einem Methan-Luftgemisch, an, deren Entfernung mit dem Wetterstrom für die Sicherheit der Grube unerläßlich ist. Seit einigen Jahren ist man in den Grubenbetrieben dazu übergegangen, das Grubengas vor Abbau der Kohle aus Bohrlöchern abzusaugen und es so dem Wetterstrom fernzuhalten. Obwohl es sich meist um große Gasmengen und um ein heizwertreiches Gas handelt, scheiterte früher die Verwertung des Gases über Tage an geeigneten Regel- und Sicherheitsanlagen, so daß das Gas über Dach abgeblasen werden mußte. Die Schwierigkeiten in der Verwertung des Gases, z.B. zur Befeuerung von Kesseln, hatten vor allem folgende Ursachen:

a) die erheblichen Heizwertschwankungen, die zwischen 2800 kcal/Nm3 = 30 % CH_4 und 8100 kcal/Nm3 = 80 % CH_4 liegen können,
b) die Möglichkeit einer außerordentlich schnellen Bildung eines explosiblen Gemisches bei zu starker Absaugung oder plötzlichem Lufteintritt infolge Rohrbruchs. Die Konzentration des Methans kann dann sehr schnell abnehmen und zwischen 5 und 15 % CH_4 liegen.

Sinn und Zweck der hier beschriebenen Entwicklungsarbeit war es, eine Kombination geeigneter Meß-, Regel- und Sicherheitsapparate zu finden, um die Verwertung des qualitätsreichen Grubengases zu ermöglichen. Vor allem mußte ein geeignetes Gerät gefunden werden, das außerordentlich schnell auf die Veränderung des Gases anspricht und als Impulsgeber für Sicherheitsanlagen dienen konnte. Folgende Forderungen mußten an eine Anlage zur Verwertung des Grubengases gestellt werden:

1. Gleichmäßige Absaugung des Grubengases.
2. Laufende Registrierung des Heizwertes.
3. Sofortiges Abschalten der Verbraucher bei Unterschreiten eines bestimmten CH_4-Gehaltes.
4. Ununterbrochene Absaugung auch dann, wenn das Gas schlecht ist und keine Verbraucher angeschlossen sind.

In Abbildung 1 ist schematisch die Kombination der nachstehend beschriebenen Geräte wiedergegeben, wobei die Kombination kurz mit "Methanab-

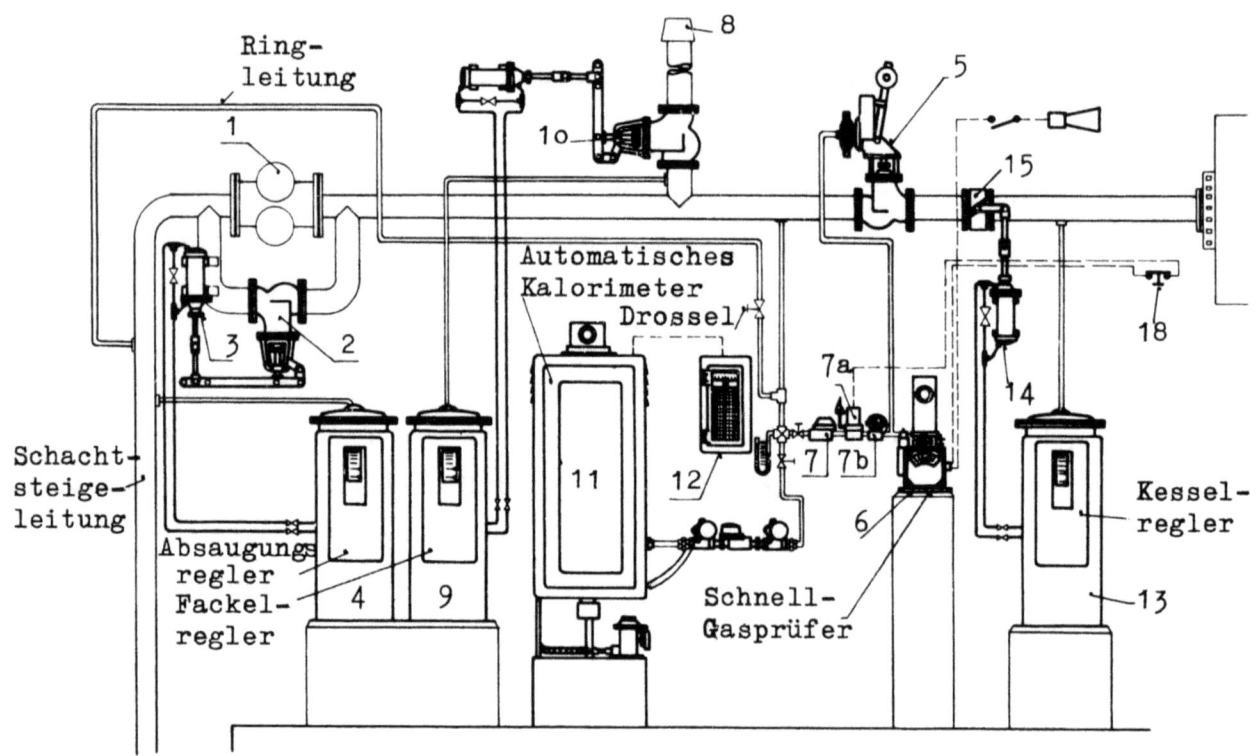

Abbildung 1

saugungsanlage" bezeichnet ist. Die Geräte lassen sich zusammenfassen in Regelgeräte - Meßgeräte - Sicherheitsgeräte.

I. Regelgeräte

Für die Regelung der Absaugung, der Fackel und des Kesseldruckes werden indirekt wirkende Integralregler mit Öl als Hilfskraft verwendet. Zur Erhöhung der Ansprechempfindlichkeit und Stabilität sind die Regler mit schwingendem Steuerkolben ausgestattet. Die grundsätzliche Wirkungsweise der Regler geht aus Abbildung 2 hervor. Das aus der Grube gewonnene Gas wird durch Kapselgebläse (1) abgesaugt und die Höhe der Saugung durch den Regler (4) konstant gehalten, der ein Stellglied (2) in der Umgangsleitung zu dem Gebläse steuert. Die Höhe des vom Regler konstant zu haltenden Unterdruckes hängt u.a. von der zu fördernden Gasmenge in der Gasleitung ab. Bei einer Gasmenge von z.B. 27500 m^3 pro Tag mit durchschnittlich 50 - 55 % CH_4-Gehalt beträgt die Saugung auf einer Anlage ca. -350 mm WS, während auf einer anderen Schachtanlage eine Gasmenge von 40000 m^3/Tag und 60 - 70 % CH_4 mit -2400 mm WS abgesaugt wird. Durch die gleichmäßige Höhe des Saugzuges wird indirekt auch ein fast gleichmäßiger Heizwert erreicht.

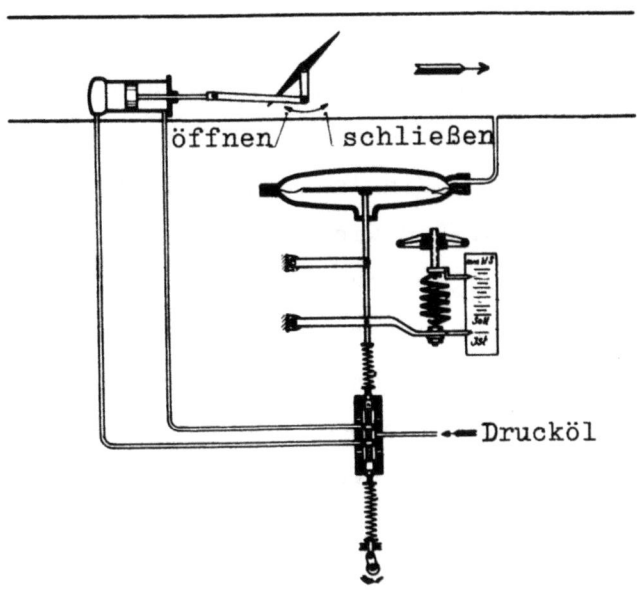

Abbildung 2

Der Regler (9) betätigt ein Fackelventil (10), welches normalerweise geschlossen ist und erst vom Regler geöffnet wird, wenn die Leitung zu den Verbrauchern abgeschaltet ist. Der am Regler einzustellende Ansprechwert hängt von der Höhe des Druckes nach den Gebläsen ab bzw. vom Gasverbrauch. Wird nicht alles Gas abgenommen oder ist die Abnahme durch Ansprechen des Sicherheitsventils ganz unterbrochen, so läßt der Regler das überschüssige Gas ins Freie strömen. Der Regler erspart auf diese Weise den Einbau eines kostspieligen Gasbehälters.

Der Wert des Gasdruckes nach dem Absaugungsgebläse liegt meist weit höher als er an den Verbrauchern, z.B. Gasbrennern, sein darf. Deshalb wird der Druck durch den Regler (13) reduziert auf den vom TÜV vorgeschriebenen Druck, der je nach der Brennerart zwischen 50 und 150 mm WS liegt.

Unter Umständen ist noch ein weiterer Regler für die Reduzierung und Konstanthaltung des Heizwertes notwendig. Wird nämlich nicht alles Gas von den Grubenbetrieben verbraucht, so kann es für die Unterfeuerung von Koksofenbatterien oder zur Abgabe an das Ferngasnetz verwandt werden. Bei einem durchschnittlichen Methangehalt von 60 % würde der Heizwert mit 5700 kcal/Nm3 weit über dem Normheizwert liegen und müßte beispielsweise durch Zusatz von Luft durch den Heizwertregler auf 4500 kcal/Nm3 reduziert werden.

Forschungsberichte des Wirtschafts- und Verkehrsministeriums Nordrhein-Westfalen

II. Meßgeräte

Für die angeschlossenen Meß- und Sicherheitsgeräte ist es wichtig, daß die Impulsübertragung möglichst schnell erfolgt. Zum Zwecke der Impulsbeschleunigung wird daher eine Ringleitung verlegt, von der die eigentliche Impulsentnahme erfolgt. Das wichtigste Meßgerät neben dem Schnell-Gasprüfer (siehe "Sicherheitsgeräte") ist ein automatisches Kalorimeter, (11), welches den oberen reduzierten Heizwert (Verbrennungswärme) mißt und registriert (12). Der Meßbereich wird zweckmäßig zwischen 2500 und 8000 kcal/Nm3 gewählt. Das Kalorimeter schreibt den gemessenen Heizwert auch dann, wenn die Leitung zu den Verbrauchern durch Ansprechen der Sicherheitseinrichtung abgeschaltet ist. Auf diese Weise wird dem Überwachungspersonal u.a. angezeigt, wann die Verbraucher wieder angeschlossen werden dürfen. Das Kalorimeter arbeitet mit einem Gasdruck von 30 mm WS, der durch einen besonderen Regler, kombiniert mit einer Gas- und Wassermangelsicherung, eingeregelt wird. Neben der fortlaufenden Registrierung der Verbrennungswärme werden zweckmäßig Druck, Temperatur und Menge des Gases aufgezeichnet.

III. Sicherheitsgeräte

Wie in der Einleitung schon gesagt, ist die Hauptforderung, die man an die "Methansaugungsanlage" stellen muß, die rechtzeitige Abschaltung der Verbraucher, um eine Versorgung mit explosiblem Gasgemisch bzw. eine Rückzündung von den Brennern her unter allen Umständen zu vermeiden. In die Verbraucherleitung ist ein Schnellschlußventil (5) eingebaut, welches schlagartig die Leitung schließt, wenn die Verbrennungswärme des Grubengases einen bestimmten niederen Wert erreicht hat. Es wäre naheliegend, den Impuls zur Betätigung des Sicherheitsventils vom Kalorimeter oder einem Dichteschreiber zu entnehmen. Aber beide Geräte sind für diese Aufgabe zu träge. Es wurde daher ein Gerät eingefügt, das sehr schnell auf jede Veränderung des Heizwertes bzw. der Brenneigenschaften des Grubengases reagiert. Die Wirkungsweise dieses Gerätes, des sogenannten Schnell-Gasprüfers, geht aus Abbildung 3 hervor. Der wesentliche Bestandteil des Gasprüfers ist ein Brenner, der automatisch die Luftzufuhr regelt. Bei einem Bunsenbrenner wird bekanntlich die Luftzufuhr so eingestellt, daß sich ein scharf begrenzter, innerer, sogenannter primärer Flammenkegel bildet, an dessen Mantelfläche eine vollständige Verbrennung bei hoher

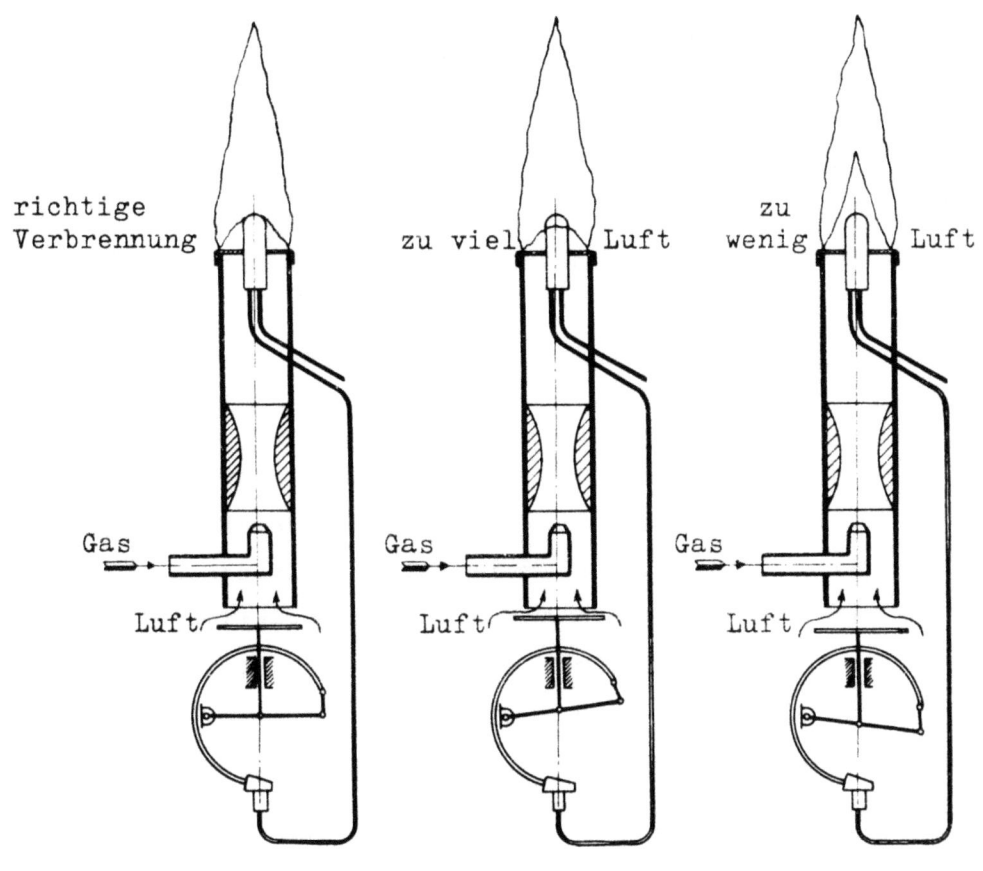

Abbildung 3

Temperatur stattfindet. Wird dem Gas zu viel Luft beigemischt, so verflacht sich der Kegel, ist dagegen die Luftzufuhr zu gering, so verlängert er sich. Diese Erscheinungen werden bei dem Schnell-Gasprüfer zur schnellen, fast unverzüglichen Prüfung des Heizwertes des Gases ausgenutzt, indem ein kleiner, mit Flüssigkeit gefüllter Kessel der Grenzschicht zwischen Innen- und Außenkegel ausgesetzt wird. Der Kessel steht durch eine kurze Kapillarleitung mit einer Röhren- (Bourdon-) Feder in Verbindung, deren Ausschlag von dem Dampfdruck im Kessel abhängig ist. Sie ist mit einer Lufteinstellvorrichtung und einem Zeiger verbunden. Bei richtiger Stellung der Flamme - d.h. beim richtigen Verhältnis von Luft- und Gaszufuhr - verläuft die Grenzschicht des Innenkegels an der Kuppe des Kessels. Verringert sich der Heizwert des zu prüfenden Grubengases, so ist die bisherige Luftzufuhr zu groß. Der Innenkegel verflacht sich, und der Kessel gelangt in den heißeren Teil der Flamme, so daß sich unter dem erhöhten Dampfdruck die Bourdonfeder streckt und das Luftzufuhrventil weiter schließt. Infolgedessen nähert sich der innere Flammen-

Forschungsberichte des Wirtschafts- und Verkehrsministeriums Nordrhein-Westfalen

kegel wieder der normalen Gestalt, und der Dampfdruck, die Feder- und die Ventilstellung wieder dem für normales Gas geltenden Stand, der für das arme Gas zu viel Luft zuläßt, womit das Spiel von neuem beginnt. Das Ventil und der mit ihm verbundene Zeiger pendeln also in einem unter dem normalen Bereich liegenden Bereich und geben damit das Maß für die Verringerung des Heizwertes unter den normalen Betrag. Entsprechendes gilt für einen zu hohen Heizwert, der Hebung des Innenkegels, Abkühlung des Kessels, Zusammenbiegung der Röhrenfeder und weiteres Öffnen der Luftzufuhr zur Folge hat.

Das zu prüfende Gas fließt dem Schnell-Gasprüfer über einen Vordruckregler (7), der auf 50 mm WS eingestellt wird, eine Zündsicherung (7a) und eine Gasmangelsicherung (7b) zu. Hinter der Gasmangelsicherung zweigt die Impulsleitung zum Auslösemechanismus des Sicherheitsventils ab. Sinkt der Heizwert des Grubengases auf einen einstellbaren kritischen Wert, der aus Sicherheitsgründen bei 2500 - 2800 kcal/Nm3 liegt, so wird ein in dem Schnell-Gasprüfer befindlicher elektrischer Kontakt betätigt. Dieser erregt die elektrische Auslösung der Zündsicherung (7a), wodurch die Gaszufuhr zum Schnell-Gasprüfer unterbrochen wird. Hierdurch sinkt aber auch der Druck vor der Auslösemembran des Sicherheitsventils unter einen bestimmten Wert, so daß das Sicherheitsventil anspricht und die Leitung schließt.

Obwohl der Schnell-Gasprüfer sehr schnell anspricht, ist die Möglichkeit gegeben, daß bei Lufteinbruch in die Saugleitung die Flamme des Prüfbrenners verlischt, ehe eine Kontaktgabe erfolgt. Um auch in diesem Falle ein sicheres Ansprechen des Schnellschlußventils zu gewährleisten, ist zusätzlich noch eine Zündsicherung (7a) eingefügt worden. Diese ist mit einer thermischen und einer elektrischen Auslösung versehen. Die elektrische Auslösung erfolgt über Kontakte im Schnell-Gasprüfer, wie oben beschrieben. Die thermische Auslösung wird durch die Waschflamme der Zündsicherung vorgenommen und erfolgt dann, wenn bei plötzlichem Lufteinbruch unter Tage die Flamme verlischt.

Ist die thermische oder elektrische Auslösung der Zündsicherung erfolgt, so sperrt diese die Gaszufuhr zum Schnell-Gasprüfer ab. Die Gasmangelsicherung (7b) spricht ebenfalls an und verhindert ein evtl. Ausströmen unverbrannter Gase. Über die Gasdüse im Schnell-Gasprüfer wird die Leitung zur Auslösemembran des Sicherheitsventils (5) drucklos. Das Sicherheitsventil sperrt schlagartig die Leitung zum Verbraucher ab. Der Zeitraum vom Ansprechen der Zündsicherung bzw. des Schnell-Gasprüfers bis zum Schließen der Verbraucherleitung durch das Sicherheitsventil beträgt normal 2 - 3 Sekunden.

Um das Bedienungspersonal vom Ansprechen der Sicherheitsvorrichtung zu unterrichten, wird durch einen zweiten im Schnell-Gasprüfer befindlichen Kontakt der Stromkreis zu einer Alarmanlage geschlossen.

Weiter kann zur Sicherheit der Schalter der Kapselgebläse mit einem Nullspannungsrelais versehen werden, das durch einen Druckknopf, z.B. vom Kesselhaus, zum Ansprechen gebracht werden kann. Auf diese Weise kann einerseits die Bedienung jederzeit das Schnellschlußventil auslösen, andererseits kommt das Gebläse auch zum Stillstand, wenn der elektrische Strom ausbleibt. In diesem Falle kann man durch Öffnen des Handschiebers dem jetzt nur durch eigenen Auftrieb durch die Leitung strömenden Gas den Weg durch den Vorauslaß ins Freie geben. Dieser ermöglicht ferner, das Gas auch strömen zu lassen, wenn der Betrieb der Absaugeanlage z.B. zur Instandsetzung auf kurze Zeit unterbrochen werden muß.

Zusammenfassung

Durch eine Kombination geeigneter Meß-, Regel- und Sicherheitseinrichtungen ist es heute möglich, das qualitative gute und in ausreichenden Mengen anfallende Grubengas zur Feuerung von Kesseln, zur Unterfeuerung von Koksofenbatterien oder als Zusatzgas zu anderen Gasen zu verwerten. Dadurch werden Kohlen oder Koksgase für andere Zwecke frei und die Kosten der Grubenbetriebe wesentlich gesenkt. Die "Methanabsaugungsanlagen" haben sich in ihrer Wirkungsweise und im Dauerbetrieb auf zahlreichen Zechenanlagen sehr gut bewährt.

Dipl.-Ing. H.F. REINEKE, Bochum

Forschungsberichte des Wirtschafts- und Verkehrsministeriums Nordrhein-Westfalen

B. Entwicklung eines hydraulischen Kleinreglers für Schalttafeleinbau

In der Industrie bedient man sich seit Jahren hydraulischer, pneumatischer und elektrischer Regler für die verschiedenen Regelaufgaben. Hierbei wird angestrebt, die Regler zusammen mit den notwendigen Meßinstrumenten in Meßwarten zusammenzufassen. Während die pneumatischen und elektrischen Regler schon als Schalttafelgeräte auf dem Markt sind, wurden die hydraulischen Regler meist als Einzelregler geliefert, die unmittelbar am Meßort bzw. Stellort aufgestellt oder aber in Reglerstationen hinter der Meßwarte montiert wurden. Der nachstehend beschriebene hydraulische Kleinregler soll die Lücke in den Schalttafelgeräten schließen.

In Abbildung 4 ist der Aufbau des Reglers schematisch wiedergegeben. Normalerweise ist der Regler als Integralregler ausgebildet, je nach den Betriebsverhältnissen kann er aber auch als P- bzw. PI-Regler umgeändert werden. Das wesentliche Merkmal des Reglers ist das sogenannte Schwingrelais, welches die Einleitung des Regelvorganges aus dem Zustand der Bewegung erlaubt.

Das Steuerrohr (1) ist leicht beweglich an dem Drehpunkt (2) aufgehängt und starr mit einer von dem Meßwerk (3) ausgehenden Stange (4) verbunden, so daß bei Veränderungen des Meßwerkes (3) eine entsprechende Schwenkung des Steuerrohres (1) erfolgt. Das Steuerrohr wird über die Leitung (5) mit einem Druckmedium versorgt, das durch die Öffnung (6) austritt und in ein aus den Doppelrohren (7) und (8) bestehendes Auffangrohr eintritt. Das Doppelrohr (7,8) ist durch eine Schneide (9) getrennt. Das Doppelrohr ist an dem Punkte (1o) leicht schwenkbar aufgehängt. Von dem Rohr (7) führt eine Leitung (12) zu dem Zylinderraum (14), während von dem Rohr (8) eine Leitung (11) zu dem Zylinderraum (13) führt. Die Rohre (11) und (12) sind so ausgebildet, daß sie eine unbehinderte Schwenkung des Auffangrohres (7,8) um seinen Drehpunkt (1o) gestatten.

Zwischen den Räumen (13) und (14) ist der Verstellkolben (15) angeordnet. Der Verstellkolben (15) ist über eine gemeinsame Achse (17) mit einem Steuerkolben (16) verbunden. Der Verstellkolben (15) und der Steuerkolben (16) sind gleichachsig in einem Gehäuse (18) angeordnet. An das Gehäuse (18) ist eine Zuführungsleitung (19) für das Druckmedium angeschlossen, die in eine Öffnung (2o) einmündet. In der Mittelstellung des Steuerkolbens werden die Austrittsöffnungen des Druckmediums (21) und (22)

Seite 12

Forschungsberichte des Wirtschafts- und Verkehrsministeriums Nordrhein-Westfalen

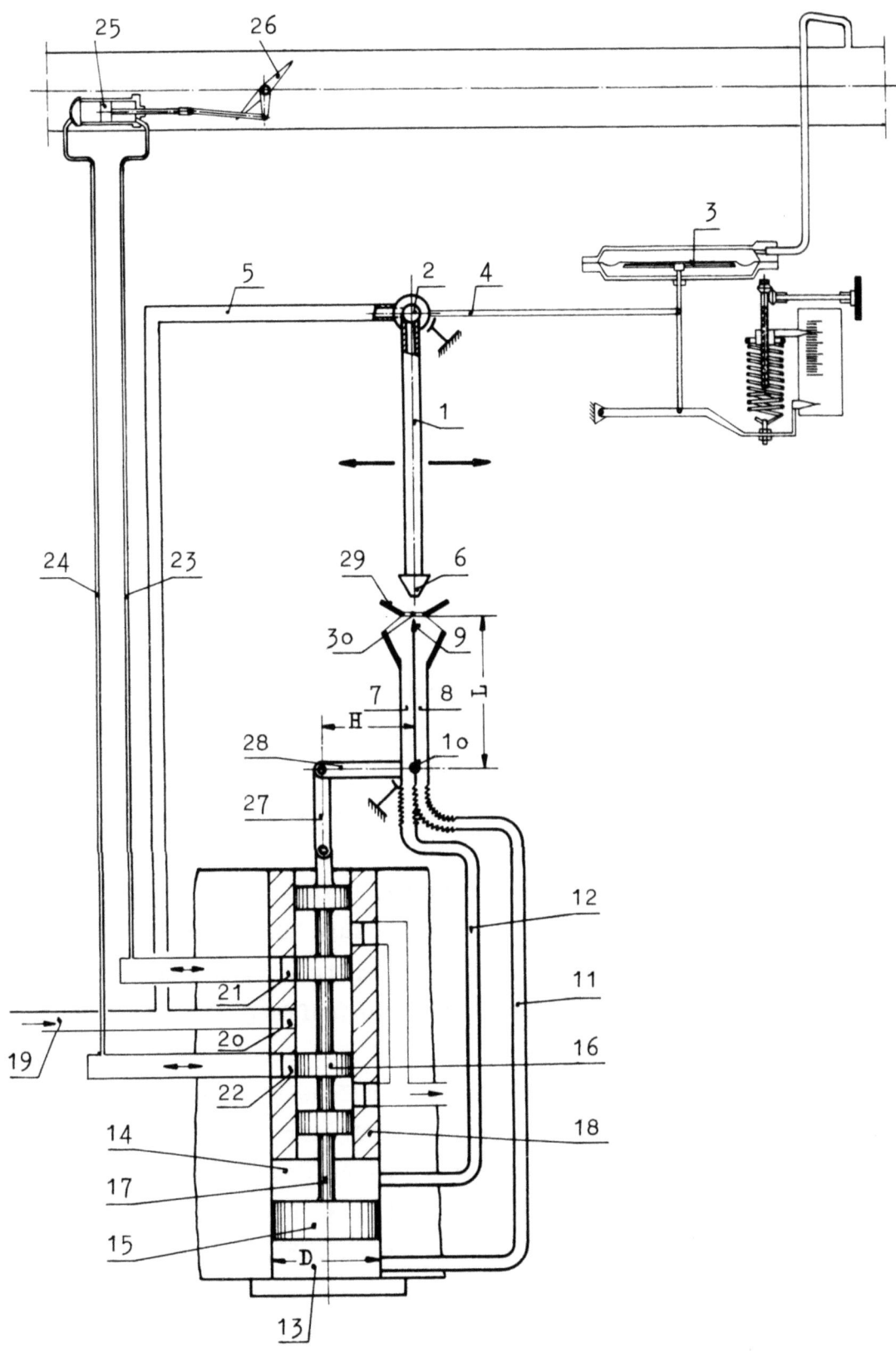

Abbildung 4

Forschungsberichte des Wirtschafts- und Verkehrsministeriums Nordrhein-Westfalen

abgedeckt, bei seiner Verstellung jedoch freigegeben, so daß dann das aus der Leitung (19) in den Zylinderraum des Steuerkolbens (16) eintretende Druckmittel je nach der Stellung des Steuerkolbens über die Öffnung (21) mit Leitung (23) oder über die Öffnung (22) mit Leitung (24) dem Stellmotor (25) zugeführt wird und eine entsprechende Verstellung des Stellgliedes (26) bewirkt.

Um eine Nachführung des Auffangrohres (7,8) zu erreichen, ist am Ende des Steuerkolbens (17) ein Hebel (27) angelenkt, der wiederum an einen Hebel (28) angelenkt ist, der seinerseits am Drehpunkt (1o) des Auffangrohres fest angeordnet ist.

An der Vorderseite des Auffangrohres (7,8) ist ein Abdeckblech (29) angeordnet, das einen Schlitz (3o) besitzt, durch den das aus dem Steuerrohr (1) austretende Druckmedium in das Auffangrohr (7,8) eintritt. Das aus dem Auffangrohr aussprudelnde Medium tritt unterhalb des Abdeckbleches aus, so daß eine Behinderung oder Beeinflussung des Steuerrohres (1) nicht erfolgen kann.

Die Funktion des Relais ist folgende: Wenn das Steuerrohr (1) unter Beeinflussung des Meßwerkes (3) in Richtung des Pfeiles R ausgeschwenkt wird, wird das Auffangrohr (8) ausschließlich von dem Druckmedium beaufschlagt. Hierdurch wird in dem Zylinderraum (13) ein höherer Druck erreicht, so daß der Verstellkolben um einen entsprechenden Betrag angehoben wird; damit wird das Druckmedium durch die Leitung (19), Öffnung (2o), Öffnung (21) und Leitung (23) dem Stellmotor zugeführt und das Stellglied (26) entsprechend eingestellt. Gleichzeitig wird der Hebel (27) angehoben. Hierdurch wird von dem Hebel (28) das Auffangrohr (7,8) soweit nach rechts geschwenkt, bis es wieder zentral vor dem Mundstück (6) des Steuerrohres (1) liegt. Da die Betätigung der Hebelübersetzung (27,28) praktisch gleichzeitig mit dem Schwenken des Steuerrohres (1) erfolgt, ist ein absolut trägheitsloses Nachfolgen des Auffangrohres (7,8) gewährleistet. Bei Ausschwenken des Steuerrohres (1) in Richtung des Pfeiles L wird das Auffangrohr (7) mit höherem Druck beaufschlagt, so daß der Verstellkolben (15) gesenkt wird, wobei das Druckmedium über die Öffnungen (2o,22) und die Leitung (24) dem Stellmotor (25) zugeführt, der Hebel (27) nach unten geführt und damit das Auffangrohr (7,8) nach links geschwenkt wird.

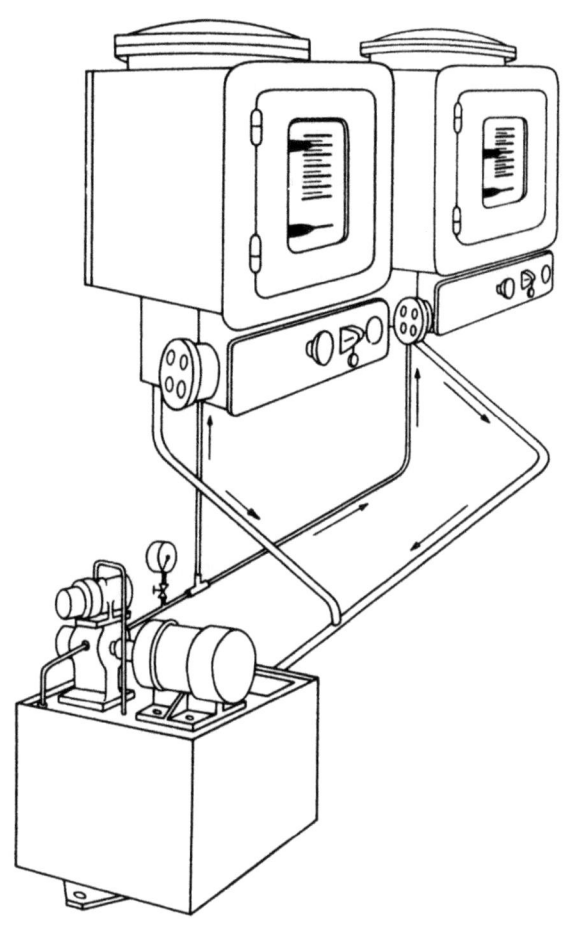

Abbildung 5

Durch Abstimmung der Länge L des Auffangrohres, des Durchmessers D des Verstellkolbens und der Hebelübersetzung H aufeinander wurde erreicht, daß das System bei Beaufschlagung mit Drucköl schwingt, und zwar mit sehr großer Frequenz. Dadurch wurde eine hohe Ansprechempfindlichkeit und Stabilität erzielt.

Die Anordnung der Kleinregler in der Meßwarte geht aus Abbildung 5 hervor. Es können beliebig viele Regler an einer gemeinsamen Drucköistation angeschlossen werden, wobei die Drucköistation hinter oder unterhalb der Meßwarte angeordnet ist. Die Stellgeschwindigkeiten liegen je nach Verwendung des Stellmotors zwischen 5 und 10 Sekunden bei einem Öldruck von 4 atü. Jeder Regler kann zusätzlich mit einer Handsteuerung versehen werden, die es erlaubt, von Regelbetrieb auf Handbetrieb umzuschalten und durch Druckknopfsteuerung das Stellglied in jede beliebige Stellung zu fahren.

Forschungsberichte des Wirtschafts- und Verkehrsministeriums Nordrhein-Westfalen

Zusammenfassung

Es wurde ein hydraulischer Kleinregler für Schalttafeleinbau entwickelt, dessen besonderes Merkmal die Verwendung eines sogenannten Schwingrelais ist. Die Ausregelung jeder Abweichung vom eingestellten Sollwert geschieht außerordentlich rasch und stabil. Je nach der Regelaufgabe wird der Regler als Druckregler, Mengenregler, Gemischregler ausgeführt, und zwar normalerweise als reiner Integralregler, aber auch als P- bzw. PI-Regler.

Dipl.-Ing. H. F. REINEKE, Bochum
Ing. VDI H. HINZ, Bochum

Forschungsberichte des Wirtschafts- und Verkehrsministeriums Nordrhein-Westfalen

C. Entwicklung eines neuen Handkalorimeters

Für die Kontrolle automatischer Kalorimeter, besonders dann, wenn diese zur Gasverrechnung nach Heizwert dienen, sowie für Laboruntersuchungen von Gasen sind genau arbeitende Handkalorimeter erforderlich. Diese Handkalorimeter müssen möglichst in sich eichbar sein ohne Verwendung von Eichkolben oder Vergleichsgasen. Da bei Gasuntersuchungen neben dem Heizwert auch die Dichte erfaßt werden muß, lag es nahe, ein Gerät zu entwickeln, das beide Bestimmungen erlaubt.

Sämtliche Einzelteile des Kalorimters sind starr miteinander verbunden und zusammen fest auf einer Grundplatte montiert. Dadurch ist das Gerät jederzeit sofort betriebsfertig und transportabel.

Die hauptsächlichsten Teile des Kalorimeters (siehe Abb. 6) sind der eigentliche Kalorimeterkörper K mit vorgeschaltetem Luftbefeuchter L, der Gasmeßzylinder GM und das Wasserüberlaufgefäß W.

In den Kalorimeterkörper sind der vom Wasser umflossene Heizkörper und außerdem eine Vorrichtung zum Einsetzen des Brenners sowie je ein Thermometerstutzen im Wassereim- und ausgang eingebaut. Im Oberteil des Kalorimeterkörpers sind schräggestellte Prallbleche angebracht. Hierdurch sowie durch die gesamte Formgebung dieses Teiles des Kalorimterkörpers ist dafür Sorge getragen, daß eine gute Durchmischung des erwärmten Wassers stattfindet und sich gleichzeitig die bei der Erwärmung entstehenden Luftblasen nicht festsetzen, sondern frei entweichen können.

Der Gasmeßzylinder ist aus Glas gefertigt und oben sowie unten durch je eine korrosionsfeste Metallplatte mit Rohrdurchbrüchen abgeflanscht. Seitlich ist ein Einlaufstutzen angesetzt, durch den dem Gasmeßzylinder während des Meßvorganges Wasser zur Verdrängung des gespeicherten Gasvolumens zugeführt wird. In den Meßzylinder ragen Ablesemarken hinein, die beim Ansteigen des Verdrängungswassers eine exakte Gasmessung ermöglichen, und zwar für das zwischen der unteren und oberen Ablesemarke befindliche Volumen, dessen genauer Eichwert auf dem oberen Flansch eingraviert ist.

Das Wasserüberlaufgefäß reguliert den Mengenfluß des Wassers. Zur eigentlichen Mengendosierung des Wasserflusses dienen zwei Blenden D_1 und D_2, von denen D_1 am Boden des Gefäßes neben dem dazugehörigen Belüftungsrohr angebracht ist und dort die Menge des Durchlaufwassers zum Kalorimeter-

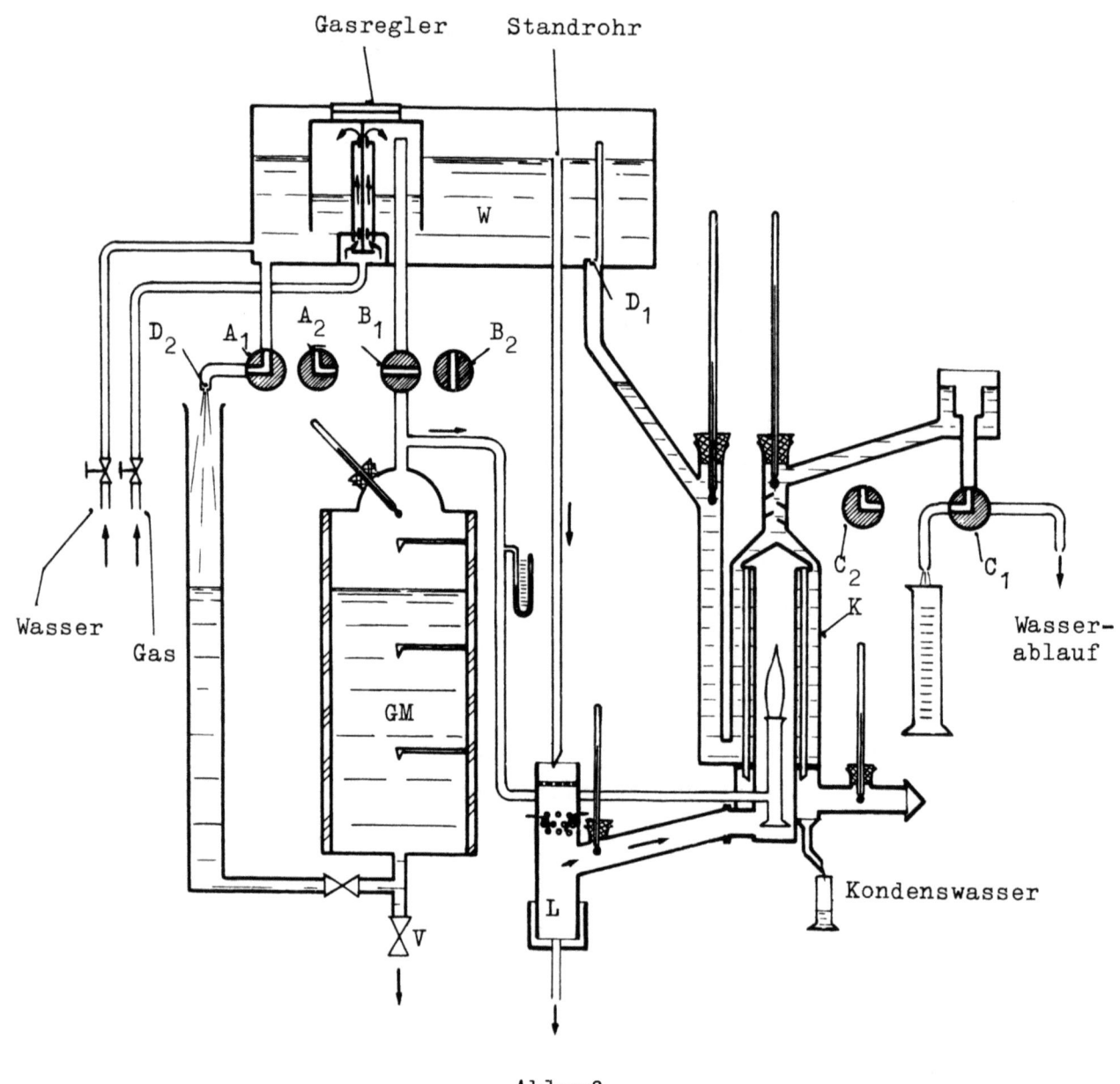

Abbildung 6

körper einstellt. Die Blende D_2 befindet sich im Wasserweg zum Einlaufstutzen des Gasmeßzylinders, und zwar an der unteren Rohrmündung. Diese Blende, die die Strömungsgeschwindigkeit des Verdrängungswassers für den Gasmeßzylinder bestimmt, muß je nach der Verbrennungswärme des zu untersuchenden Gases verschieden groß gewählt werden. Das Wasserüberlaufgefäß enthält außerdem noch den Druckregler für das Gas.

Die Bestimmung der Verbrennungswärme beruht auf dem von anderen Gaskalorimetern bekannten Meßprinzip. Die Wärmemenge, die bei der Verbrennung eines gleichmäßigen Gastromes entsteht, wird auf einen ebenfalls gleichbleibend fließenden Wasserstrom übertragen, wobei sich die Verbrennungsgase auf die Ausgangstemperatur abkühlen und das bei der Verbrennung entstandene Wasser flüssig zur Abscheidung kommt. Die Verbrennungswärme H_o (o°C, 760 Torr tr.) ergibt sich dann bekanntlich aus der Temperaturerhöhung des Wassers und den angewandten Gas- und Wassermengen nach

$$H_o = \frac{W}{G_o} \cdot dt \text{ kcal/Nm}3$$

Darin bedeuten:

H_o = reduzierte Verbrennungswärme in kcal/Nm3

W = erwärmte Wassermenge in g

G_o = verbrannte reduzierte Gasmenge in Nm^3

dt = mittl. Temperaturdifferenz zwischen Kalt- und Warmwasser in °C.

Das unreduzierte Gasvolumen G_t, aus dem G_o errechnet wird, ist für jeden Apparat eine Konstante, deren Höhe auf dem Gasmeßzylinder eingraviert ist.

Bei Benutzung des Gerätes sind grundsätzlich zwei verschiedene Vorgänge zu unterscheiden, und zwar der eigentliche Meßvorgang und der vor und nach jeder Messung einzustellende Betriebsvorgang. Beide Teilvorgänge verlaufen praktisch in demselben thermischen Gleichgewicht; die eigentliche Bestimmung der Verbrennungswärme findet jedoch nur bei der "Messung" statt. Die Umstellung von einem Teilvorgang zum anderen erfolgt in einfacher Weise durch Umschalten der Hähne A, B und C.

Der Gasmeßzylinder ist mit Wasser gefüllt, und die drei Hähne stehen in Stellung A_2, B_2 und C_2. Ein dauernder Wasserstrom fließt aus dem Versorgungsnetz dem Überlaufbehälter zu, wo sich entsprechend der Höhe des Standrohres ein gleichmäßiges Wasserniveau einreguliert und das Überschußwasser zum Luftbefeuchter abläuft. Eine durch die Blende D_1 gleichbleibend dosierte Wassermenge von ca. 400 cm^3/min strömt ab zum Kalorimeterkörper und durchläuft diesen unter gleichzeitiger Erwärmung infolge Wärmeaustausches mit den Verbrennungsgasen.

Das Gas gelangt aus dem Netz über den Druckregler, durch den in Stellung B_2 befindlichen Hahn B und vorbei am Gasmeßzylinder zum Brenner im Kalorimeterkörper. Dabei muß vor dem Brenner ein bestimmter Druck herrschen, und zwar beträgt dieser für Gas mit einer Verbrennungswärme H_o = 3000 - 6000 kcal/Nm3 etwa 25 mm WS. Sobald das Gerät sich dann eingespielt hat, wird aus der Gasleitung hinter dem Hahn B eine Probe in den Gasmeßzylinder gezogen, wozu die Wasserfüllung durch das Ventil V nach unten abgelassen wird. Jetzt kann nach beendeter Gasprobenahme der eigentliche Meßvorgang beginnen.

Die Hähne A und B werden auf Stellung A_1 bzw. B_1 umgeschaltet. Durch die neue Hahnstellung B_1 wird der Gasfluß aus der Versorgungsleitung zum Brenner unterbrochen. Die Flamme im Kalorimeterkörper brennt jedoch weiter, da im gleichen Augenblick die Gaszufuhr aus dem Meßzylinder beginnt. Dieses eingespeicherte Gas wird nämlich durch das Wasser verdrängt, das jetzt infolge der ebenfalls neuen Hahnstellung A_1 vom Überlaufgefäß durch den Einlaufstutzen in den Meßzylinder gelangt. Die gleichmäßige Mengenregulierung dieses Verdrängungswassers, die gleichbedeutend ist mit der Geschwindigkeitseinstellung des abströmenden Gases, nimmt die Blende D_2 vor, und zwar für Messungen von Koksofengas in der Größenordnung von 1 ltr/min. Im Kalorimeterkörper gibt dieses Gas dann bei der Verbrennung seinen Wärmewert an das Durchlaufwasser ab, dessen Geschwindigkeit selbsttätig in gleicher Größe wie beim vorausgegangenen Betriebsvorgang durch die Blende D_1 festgelegt ist. Diese gleichbleibende Größe der Durchlaufwassermengen und die Einstellung gleichen Gasdruckes vor der Düse des Brenners haben zur Folge, daß Betriebs- und Meßvorgang, wie schon erwähnt, im praktisch gleichen thermischen Beharrungszustand verlaufen. Zur eigentlichen Bestimmung der Verbrennungswärme dient jedoch lediglich der Meßvorgang, da nur bei diesem Gas- und Wassermengen quantitativ erfaßt werden können, und zwar in folgender Weise:

Sobald das in dem Meßzylinder ansteigende Verdrängungswasser die untere Meßmarke erreicht hat, wird am Kalorimeterkörper der Hahn von Stellung C_2 auf C_1 umgeschaltet und das warme Durchlaufwasser zur späteren Wägung aufgefangen, sowie gleichzeitig mit der laufenden Folge von Temperaturablesungen an den Ein- und Ausgangsthermometern begonnen. Diese Messung läuft bei Koksofengas über eine Zeit von etwa 4 Minuten, in der die vorgeschriebene Anzahl von 1o Temperaturablesungen bequem durchgeführt werden kann. Berührt dann der im Meßzylinder ansteigende Spiegel des Verdrängungswassers die obere Meßmarke, so ist das dem Eichwert entsprechende Gasvolumen verbrannt. Die Messung ist beendet, und sofort muß daher die Entnahme des Warmwassers durch Umschwenken des Hahnes am Kalorimeterkörper auf C_2 unterbrochen werden. Sobald kurz danach der Gasmeßzylinder ganz

__Forschungsberichte des Wirtschafts- und Verkehrsministeriums Nordrhein-Westfalen__

mit Wasser gefüllt ist, werden auch die zu diesem gehörigen zwei Hähne auf Betriebszustand, also auf Stellung A_2 und B_2 zurückgeschaltet. Das Kalorimeter ist dann für einen neuen Meßvorgang wieder startfertig.

Die laufend hintereinander vorzunehmenden Umschaltungen von "Betrieb" auf "Messen" und umgekehrt lassen sich in sehr einfacher Weise handhaben. Die verschiedenen Hahnstellungen sind durch entsprechende Beschriftung gut gekennzeichnet. Darüberhinaus ist die Bedienungsweise noch dadurch vereinfacht, daß die beiden über dem Gasmeßzylinder nebeneinander befindlichen Hähne A und B mit einem einzigen Handgriff bewegt werden können.

Im Anschluß an die Messung der Verbrennungswärme kann das Gerät ohne wesentliche Umänderungen als Dichtemesser benutzt werden.

Zur Dichtebestimmung läßt man das zu untersuchende Gas und die als Bezugsgröße dienende Luft aus dem Gasmeßzylinder, in den sie nacheinander eingespeichert werden, durch eine in das Gehäuse des Ventilhahnes B einzusetzende Düse bzw. Blende ins Freie abströmen. Der Ventilhahn B steht in Stellung B_1, also auf "Messung", und sperrt dadurch die Verbindung zum Regler. Der Gasabfluß zum Brenner ist ebenfalls hinter dem Manometer unterbrochen. Das Abströmen des Gases bzw. der Luft aus dem Meßzylinder wird wie bei der Messung der Verbrennungswärme durch zufließendes Verdrängungswasser bewirkt und erfolgt infolgedessen in beiden Fällen genau mengengleich. Der vor der Düse beim Durchfluß vor Luft und Gas ensprechend dem Dichteunterschied verschieden groß auftretende Druck überträgt sich auf ein Spezial-Manometer. Die Ablesung der Manometeranzeige wird jeweils in dem Augenblick vorgenommen, wo die Oberfläche des im Meßzylinder ansteigenden Verdrängungswassers die mittlere Anzeigemarke berührt. Zur Errechnung der bezogenen Dichte werden die unter gleicher Temperaturbedingung gemessenen Druckwerte ins Verhältnis gebracht.

$$d_v = \frac{P_1}{P_2}$$

Darin sind:

d_v = Verhältnisdichte oder bezogene Dichte des Gases,
P_1 = Druck des ausströmenden Gases,
P_2 = Druck der ausströmenden Luft.

Für diese Bestimmung der Verhältnisdichte ist die Einhaltung konstanter Wassertemperaturen notwendig.

Besondere Sorgfalt ist auf die richtige Formgebung der Ausströmdüse verwandt worden. In Anlehnung an die Erkenntnisse von GIESE und WUNSCH/HERNING wurde eine doppelseitig abgerundete Düse gewählt, deren Durchmesser von 0,8 mm sich zu einer Stärke von 0,2 mm wie 4 : 1 verhält.

Nachstehend werden einige Versuchsmessungen mit verschiedenen Gasen wiedergegeben:

Gasart	Elektrolytwasserstoff	Kokereigas	Propan
Messung	H_o	H_o	H_o
1	3037	4340	24010
2	3039	4336	24025
3	3036	4340	24015
4	3042	4341	24029
5	3038	4339	24012
Mittel	3038	4339	24018
Theoretischer Wert	3040	Analyse 4359	Anal. 24079

Da das Gas dauernd mit frisch zufließendem Wasser in Berührung kommt, war zu untersuchen, wie groß der Meßfehler durch Lösung von Gasbestandteilen, vor allem CO_2 und Teile C_nH_m ausfallen würde. Der CO_2-Gehalt im Gas wurde vor Eintritt und nach Verlassen des Kalorimeters in Vergleich gesetzt. Es ließ sich kaum ein Unterschied feststellen, denn das Gas kommt im Meßzylinder lediglich mit der Wasseroberfläche in Berührung, zumal der Spiegel des Wassers ruhig und ohne Wirbelung steigt.

Die Bestimmung der relativen Dichte von Elektrolytwasserstoff mit dem Kalorimeter als Dichtemesser ergab 0,085 (feucht) und umgerechnet 0,070 (trocken). Aus der Gasanalyse errechnete sich der theoretische Wert mit 0,072. Vergleichsmessungen mit einem Debro-Dichteschreiber ergaben folgende Werte:

Gasart	Reineke	Debro
Koksgas	0,340	0,343
Propan	1,530	1,560
Butan	2,060	2,050

Zusammenfassung

Es wurde ein neues Handkalorimeter entwickelt, welches außer zur Bestimmung der Verbrennungswärme auch zur Durchführung von Dichtemessungen geeignet ist. Die Genauigkeit liegt zwischen o,5 - 1 %.

Dipl.-Ing. H. F. REINEKE, Bochum
Ing. G. NIEDERGESÄSS, Bochum

Forschungsberichte des Wirtschafts- und Verkehrsministeriums Nordrhein-Westfalen

D. Weiterentwicklung eines automatischen Kalorimeters

Über das in den Jahren 1937/38 entwickelte REINEKE-Gas-Kalorimeter wurde ausführlich im Bericht 1 der Ruhrgas AG. berichtet. Die Kriegsjahre und die ersten Jahre nach dem Kriege ließen eine Weiterentwicklung infolge der schwierigen Materiallage nicht zu. In den Jahren 1949 - 1952 wurden die Entwicklungsarbeiten wieder aufgenommen, aus denen das nachstehend beschriebene Kalorimeter Modell 53 entstand. Der Konstruktion dieses Kalorimeters liegen einmal die im Labor und in der Praxis gewonnenen Erfahrungen in der genauen Kalorimetrie und die Vorschriften der Physikalisch-Technischen Bundesanstalt für die Gasverrechnung nach Megacal zugrunde.

Abbildung 7 zeigt den Aufbau des Kalorimeters. Das Gerät mißt und registriert die Verbrennungswärme H_o von Gasen und arbeitet nach der bekannten Formel

$$H_o = \frac{W}{G} \cdot t_d \quad kcal/Nm3$$

wobei die Verbrennungswärme sowohl im Betriebszustand als auch im Normalzustand ($0°C$, 760 Torr) registriert werden kann. Gasmenge und Wassermenge werden aber nicht, wie bei anderen Geräten, direkt gemessen, sondern es wird das Verhältnis W : G konstant gehalten.

Die Umlaufpumpe 1 fördert Wasser, dessen Temperatur durch die Rückkühlung 2a konstant gehalten wird, aus dem Wasserkasten 2 über Filter 3 in den Überlaufkasten 4. Von hier fließt eine konstante Wassermenge durch die Einlaufdüse 4a in das Einlaufrohr 4c, in dessen Oberteil ein Einlaufsieb 4b für gleichmäßige Verteilung des einströmenden Wassers und sicheres Entweichen des verdrängten Luftvolumens sorgt. Das Einlaufrohr leitet das Wasser dem Gasmeßrohr 5 und über Kalorimeterkörper 6 dem Wassermeßrohr 7 zu. Die in den beiden Meßrohren erfaßten Wassermengen stehen in einem festgelegten Verhältnis zueinander. Der Wert dieses Verhältnisses W : G (Wasser : Gas) ist auf dem Typenschild eingeschlagen. Um die Wassermenge, die in dem rechten Schenkel des Heberrohres 4d ansteigt, für die Heizwertbestimmung nicht ermitteln zu müssen, ist in dem Wassermeßrohr 7 ein Verdränger 7a eingebaut.

Das durch das Einlaufrohr 4c zuströmende Wasser steigt während der Meßperiode gleichmäßig an, wobei die Wasserspiegel in der Höhe entsprechend

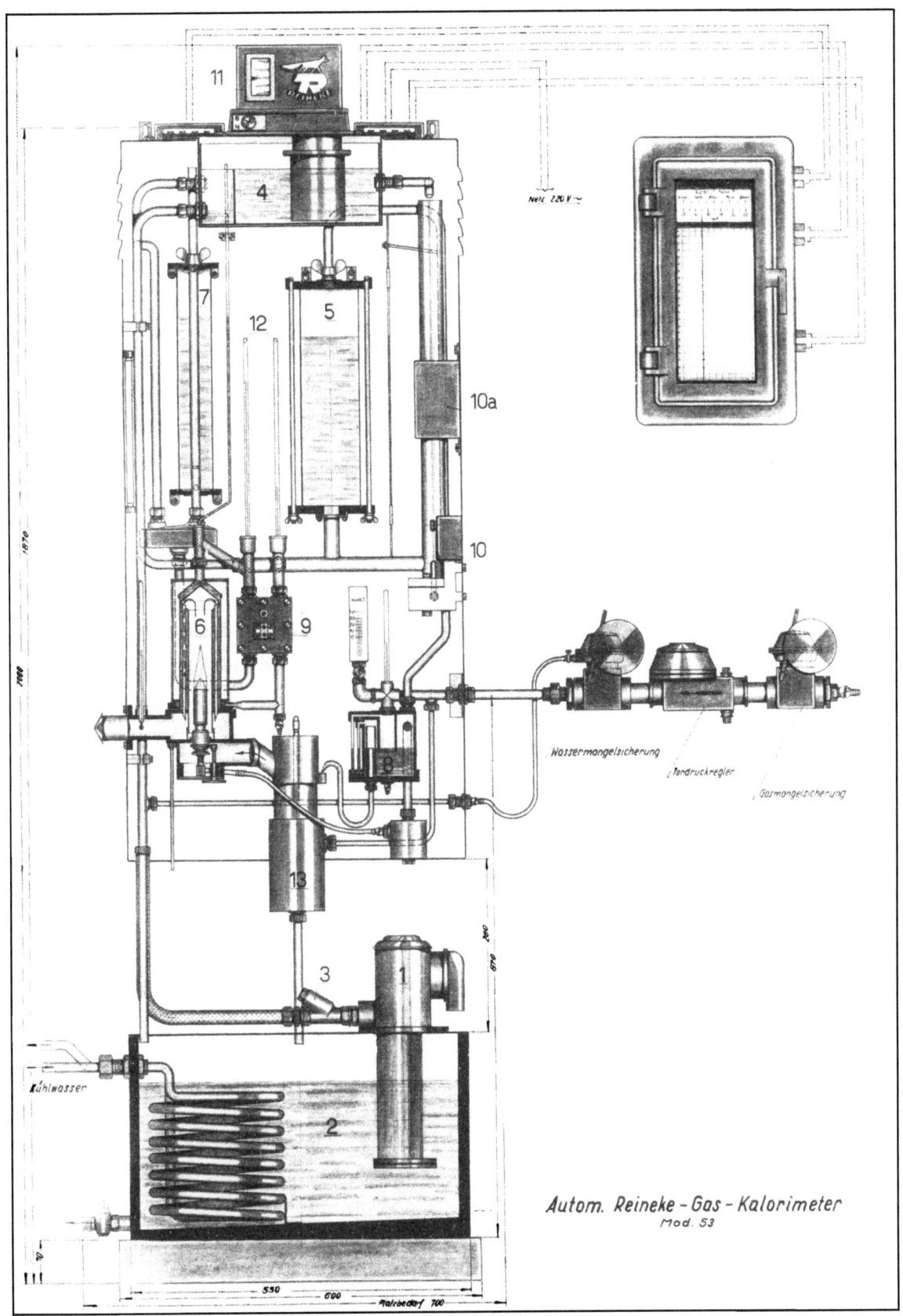

Abbildung 7

Automatischer Reineke-Gas-Kalorimeter Modell 53

Forschungsberichte des Wirtschafts- und Verkehrsministeriums Nordrhein-Westfalen

dem am Vordruckregler eingestellten Gasdruck von 30 mm WS differieren. Im Gasmeßrohr 5 wird durch das ansteigende Wasser vorher angesaugtes Gas über das Rückschlagventil 8 in den Brenner 6b gedrückt, wo es verbrennt. Das verbrennende Gas gibt seine Wärme an das durch den Kalorimeterkörper 6 zum Wassermeßrohr 7 fließende Wasser ab. Nachdem sämtliches Gas aus dem Gasmeßrohr verdrängt ist und beide Meßrohre mit Wasser gefüllt sind, tritt bei weiterem Ansteigen des Wassers der Heber 4d in Tätigkeit.

Mit dem Abfließen des Wassers über Heber 4d beginnt die Füllperiode, d.h., es wird nun durch den sinkenden Wasserspiegel frisches Gas in das Gasmeßrohr gesaugt. Während der Füllperiode, die vom Beginn des Abheberns bis zum vollständigen Entleeren der Meßrohre dauert, herrscht am Brenner ein Gasdruck von ca. 25 mm WS, so daß ein Verlöschen der Flamme vermieden wird.

Das Rückschlagventil 8 steuert die Gaszufuhr. Während der Füllperiode läßt es Frischgas zum Gasmeßrohr und zum Brenner durchströmen, während der Meßperiode schließt es die Frischgaszufuhr ab, so daß nur noch das Gas aus dem Meßrohr zum Brenner strömen kann. Die Steuerung der Gaszufuhr wird durch eine bestimmte Wasserfüllung im Rückschlagventil erreicht, die automatisch konstant gehalten wird, indem nach jeder Messung einige Tropfen Wasser über Füllrohr 5c zulaufen und überschüssiges Wasser über Syphon 8a abläuft. Um während der Meßperiode ein sicheres Abschließen der Frischgaszufuhr zu erreichen, müssen die beiden Wasserspiegel in den Schaugläsern des Rückschlagventils durch Verstellen der Gasdüse am Brenner auf gleiche Höhe gebracht werden.

Mit dem Ansteigen des Wassers in den Meßrohren beginnt die Meßperiode von neuem. Die sich zwischen dem kalten und erwärmten Wasser einstellende Temperaturdifferenz ist an den Thermometern 12a und 12b abzulesen und wird mittels Thermoelement 9 gemessen. Sobald Beharrung in der Temperaturdifferenz eingetreten ist (ungefähr in der Zone x - y), wird durch die Kontaktvorrichtung 10 über Relais 10a der magnetisch betätigte Fallbügel des Registriergerätes gelüftet. Der dadurch freigegebene Zeiger des Galvanometers stellt sich nun entsprechend der im Thermoelement erzeugten Spannung ein. Gleichzeitig wird durch den Umwerter 11 ein dem Barometerstand und der Gastemperatur (die gleich der Kaltwassertemperatur ist) entsprechender Widerstand in den Thermokreis eingeschaltet. Kurz vor der vollständigen Füllung des Gasmeßrohres mit Wasser wird die Kontaktgabe zum Magneten des Fallbügels unterbrochen, wodurch der Zeiger des Galvanometers auf das Farbband gedrückt und ein Punkt registriert wird. Die Meßvorgänge folgen so schnell aufeinander, daß auf dem Diagrammstreifen eine zusammenhängende Kurve entsteht. Eine Leuchtröhre 10b leuchtet mit der Freigabe des Galvanometerzeigers auf und gibt somit sichtbar den Zeitpunkt der eigentlichen Messung an.

Da das Gas durch die innige Berührung mit dem Wasser mit Wasserdampf gesättigt ist, muß auch die Verbrennungsluft entsprechend angefeuchtet werden. Diese Anfeuchtung erfolgt im Luftbefeuchter 13. Innerhalb des Luftbefeuchters befindet sich ein Ausgleichgefäß 13b für den Gasdruck, um die Brennereinstellung und damit die Wasserspiegeleinstellung am Rückschlagventil bei Beginn der Meßperiode zu erleichtern. Ein ständiger Wasserabschluß verhindert ein Ausströmen des Gases aus dem Luftbefeuchter, solange aus der Befeuchterdüse 13a Wasser dem Luftbefeuchter zufließt und der geregelte Gasdruck 45 mm WS nicht übersteigt. Es ist daher wichtig, daß stets genügend Wasser aus der Düse 13a austritt.

Das dem Kalorimeter zuströmende Gas wird durch den Vordruckregler auf einen Druck von 30 mm WS, abzulesen am Manometer 8b, eingeregelt. Der Druckregler schließt bei Nullverbrauch, also während der Meßperiode, die Gaszufuhr ab. Bei Gasmangel schließt eine Gasmangelsicherung unmittelbar, bei Wassermangel, also bei Stromausfall, eine Wassermangelsicherung nach einigen Sekunden die Impulsleitung ab. Beide Sicherungen können nur von Hand wieder in Betrieb genommen werden.

Der Umwerter dient dazu, den vom Kalorimeter gemessenen oberen Heizwert (Verbrennungswärme) vom Betriebszustand automatisch auf den Normzustand des Gases zurückzuführen, der gekennzeichnet ist durch:

  den Normwert des Druckes $p_o = 760$ mm Hg
  den Normwert der Temperatur $t_o = 0°C$ bzw. $15\ °C$
  den Normwert der rel. Feuchte $= 0$ bzw. 100

Dieser Zustand ist auf der Skala des Umwerters durch den Faktor 1,0 gekennzeichnet, dem Kehrwert der sogenannten Zustandszahl. Die automatische Umwertung erfolgt über ein Meßwerk, das auf Barometer- und Temperaturänderungen anspricht und den Abgriff eines im Thermokreis befindlichen Schleifwiderstandes verändert, so daß die Anzeige des Heizwertschreibers entsprechend dem angezeigten Faktor umgewertet wird.

In den Überlaufkasten des Kalorimeterschrankes taucht ein Fühler. Die Innenfläche des eingelöteten Wellrohrsystems steht über zwei Öffnungen mit der Atmosphäre in Verbindung. Durch die innige Berührung des Fühlers mit dem Umlaufwasser haben beide die gleiche Temperatur. Entsprechend hat auch der Fühler die gleiche Temperatur wie das zu untersuchende Gas. Bei Temperatur- und Barometerdruckänderungen wird vom Fühler über einen Hebel ein Widerstand verstellt und die Anzeige des Heizwertschreibers umgewertet. Die Eichung ist so vorgenommen, daß bei einer Änderung der Anzeige auf der Skala des Umwerters von 1,0 bis 1,2 der Widerstand im Thermokreis sich von 28 Ohm auf 0 Ohm ändert.

Für den Anschluß eines zweiten Schreibers bzw. Anzeigegerätes ist jeder Umwerter mit zwei Widerständen ausgerüstet. Auf der Vorderseite befindet sich ein Umschalter, der das Ein- und Abschalten des Umwerters gestattet. Die Verstellkräfte sind durch entsprechende Bemessung des Meßwerkes so groß, daß Meßfehler durch Reibung nicht auftreten können. Edelmetallkontakte und eine besondere Behandlung der Kontaktbahn gewährleisten eine zuverlässige elektrische Übertragung.

Zusammenfassung

Es wurde ein neues automatisches Kalorimeter beschrieben, das für die automatische Messung und Registrierung der Verbrennungswärme von Gasen dient. Die Genauigkeit liegt unter 1 % des Skalenendwertes. Besondere Aufmerksamkeit bei den Entwicklungsarbeiten wurde der Auswahl geeigneter Materialien gewidmet. Das Kalorimeter Modell 53 hat sich in der Praxis gut bewährt und ist als Verrechnungskalorimeter anerkannt worden.

Dipl.-Ing. H. F. REINEKE, Bochum

Forschungsberichte des Wirtschafts- und Verkehrsministeriums Nordrhein-Westfalen

E. Entwicklungsarbeiten auf dem Gebiete der Heizwert- bzw. Mischgasregelung, insbesondere zur Spitzengasdeckung

Der Gasbedarf in den Städten für Haushaltungen und Industrien ist in den letzten Jahren ständig gewachsen und zwang zur Mischung verschiedener Gase. Die Mischung erfolgt nach dem Volumen oder nach dem Heizwert. Während bei der Volumen-Verhältnisregelung die Heizwertschwankungen der zu mischenden Gase unberücksichtigt bleiben, wird bei der Heizwertregelung ein im Heizwert konstantes Mischgas erzeugt. Beide Regelungsarten können auch gekoppelt werden, derart, daß Mengenschwankungen vom Verhältnisregler aus geregelt und Heizwertschwankungen durch Veränderungen des eingestellten Mischungsverhältnisses vom Heizwert korrigiert werden.

Für die Heizwertregelung kam als Impulsgeber bzw. Meßwerk für den Regler zunächst ein automatisches Kalorimeter infrage. Hierbei traten aber folgende wesentliche Nachteile auf:

a) das Gerät ist seinem Aufbau und Prinzip entsprechend zu träge, insbesondere bei schnellen Heizwertänderungen,

b) der am Thermoelement entnommene Impuls ist zur Verstellung irgendwelcher Stellglieder zu schwach, er muß verstärkt werden,

c) die Impulsverstärkung muß schrittweise oder rückführend erfolgen, um ein Überregeln zu vermeiden.

Der Aufbau einer solchen Regelanlage wurde daher kompliziert und teuer. Andere Impulsgeber, sogenannte Heizwertschreiber, sind ebenfalls zu träge, da sie meist auf dem Ausdehnungsprinzip eines Stabes oder Metallbandes beruhen, haben aber genügend Kräfte, um Steuervorgänge auszulösen. Es lag daher nahe, den im Kapitel A. "Methanabsaugungsanlage" beschriebenen Schnell-Gasprüfer als Impulsgeber zu verwenden. Die Verstellkräfte des Meßwerkes sind so groß, daß unmittelbar ein hydraulischer oder pneumatischer Kraftverstärker angeschlossen werden kann. Die Verstellung des Stellgliedes erfolgt dann entweder hydraulisch oder pneumatisch, seltener rein elektrisch. Der so aufgebaute Heizwertregler reagiert schnell auf jede Änderung des Mischgases und kann daher in den meisten Fällen als einfacher Integralregler eingesetzt werden. Nur in den Fällen, wo infolge zwischengeschalteter Kühl- und Reinigungsanlagen in der Regelstrecke die Totzeit zu groß wird, muß der Regler durch Einbau einer Rückführung in einen PI-Regler umgewandelt werden.

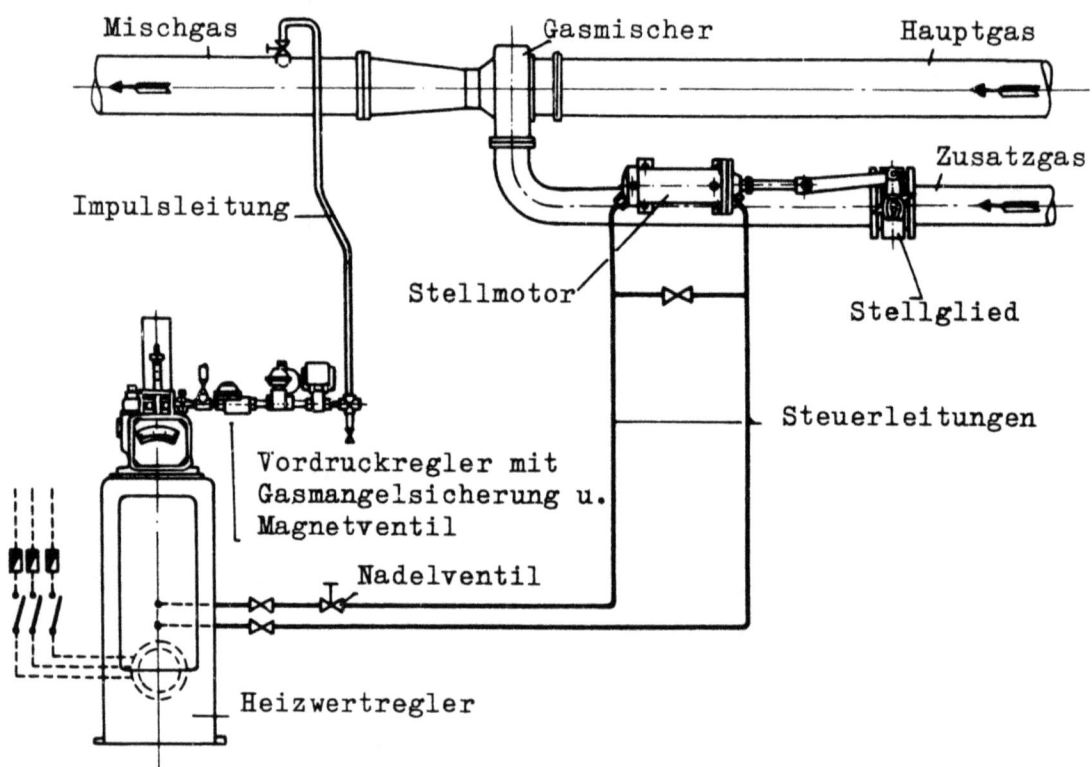

Abbildung 8

Die Entwicklungsarbeiten auf dem Gebiet der Heizwertregelung konzentrierten sich zunächst auf den Regler selbst, Gasdüse und Injektor des Brenners sowie die Formen des Brenners und des Luftventils mußten je nach Art des Mischgases und des Regelbereiches aufeinander abgestimmt werden. Den allgemeinen Aufbau einer Heizwertregelanlage zeigt Abbildung 8. Der Regler mit aufgebautem Schnell-Gasprüfer steuert über einen hydraulischen Stellmotor ein Stellglied in der Zusatzgasleitung. Das Zusatzgas wird dem Trägergas in einem Gasmischer zugesetzt. Die kräftige Durchwirbelung der beiden Gase an der Mischstelle ist wichtig für eine gute Regelung. Im Gasmischer werden die beiden Gase auf eine größere Strömungsgeschwindigkeit gebracht und durch eingebaute Bleche verwirbelt. Ca. 2 - 3 Meter hinter der Mischstelle wird dann der Impuls für den Regler entnommen.

Hauptsächlich werden folgende Gase gemischt: Wassergas, Generatorgas oder Hochofengas mit Koksgas. Die Mischgasregelung ist hierbei verhältnismäßig einfach, und die Zusatzgasmengen richten sich nur nach dem gewünschten Mischgasheizwert. Weiter können als Zusatzgase herangezogen werden: Methan, Flüssiggas und Luft. Hierbei ist die Zusatzmenge begrenzt durch den Einfluß der Dichte bzw. der Zündgeschwindigkeit. Teilweise können die Einflüße

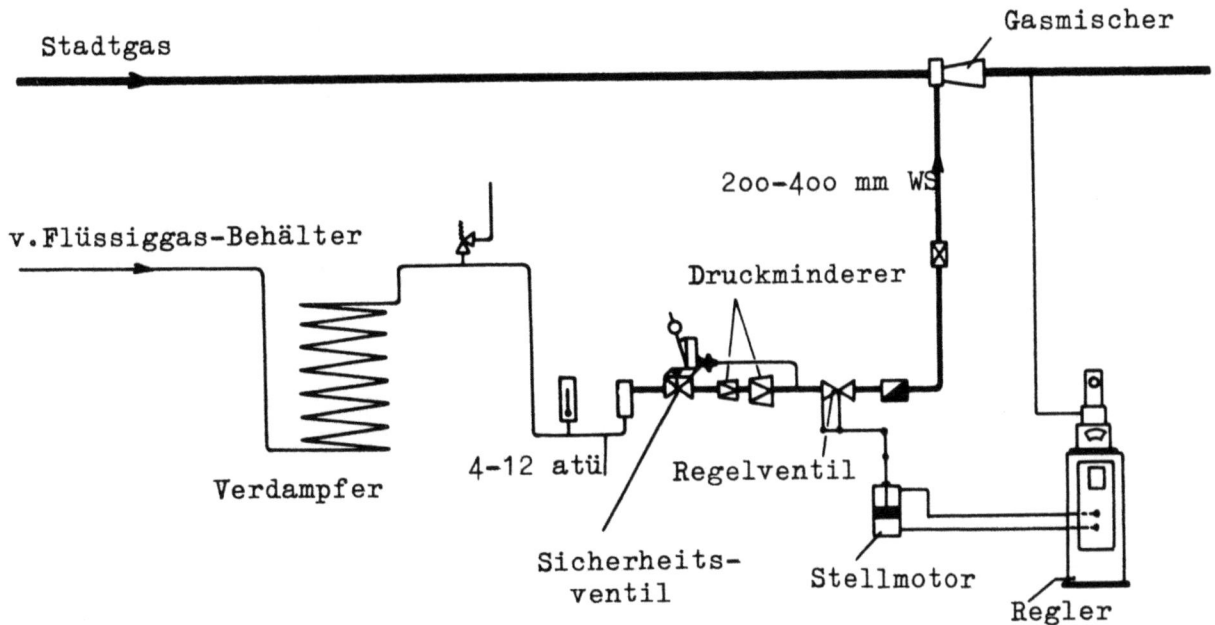

Abbildung 9

korrigiert werden, indem noch ein drittes Gas zugesetzt wird. Soll zur Spitzendeckung z.B. von Stadtgas Flüssiggas verwendet werden, so kann bei Verwendung von

    Wassergas als Trägergas   bis zu 30 %,
    Generatorgas als "   " " 20 %,
    Luft   " "   " " 10 % Flüssiggas

zugesetzt werden. Hierbei ist unter Flüssiggas das handelsübliche Propan-Butan-Gemisch zu verstehen.

Bei Zusatz eines Methan-Luftgemisches zum Stadtgas haben sich folgende maximalen Werte ergeben: 1/3 Ofengas, 1/3 Methan, 1/3 Luft.

Den grundsätzlichen Aufbau einer Regelanlage für Flüssiggaszusatz zeigt Abbildung 9. Das Flüssiggas durchströmt nach Austritt aus dem Behälter einen Verdampfer. Nach Austritt aus dem Verdampfer erfolgt die Druckreduzierung von 8 - 10 atü auf 500 mm WS. Die Niederdruckseite wird durch ein Sicherheitsventil gegen zu hohen Druck bei Versagen des Druckminderers gesichert. Auf der Niederdruckseite ist dann weiter das Stellglied angeordnet, welches über einen hydraulischen Stellmotor vom Heizwertregler betätigt wird. Der direkte Zusatz von Flüssiggas ist hauptsächlich für Industriebetriebe gedacht, deren Produktion empfindlich gegen Veränderungen des Heizwertes bzw. der Brenneigenschaften des Gases ist. Dies

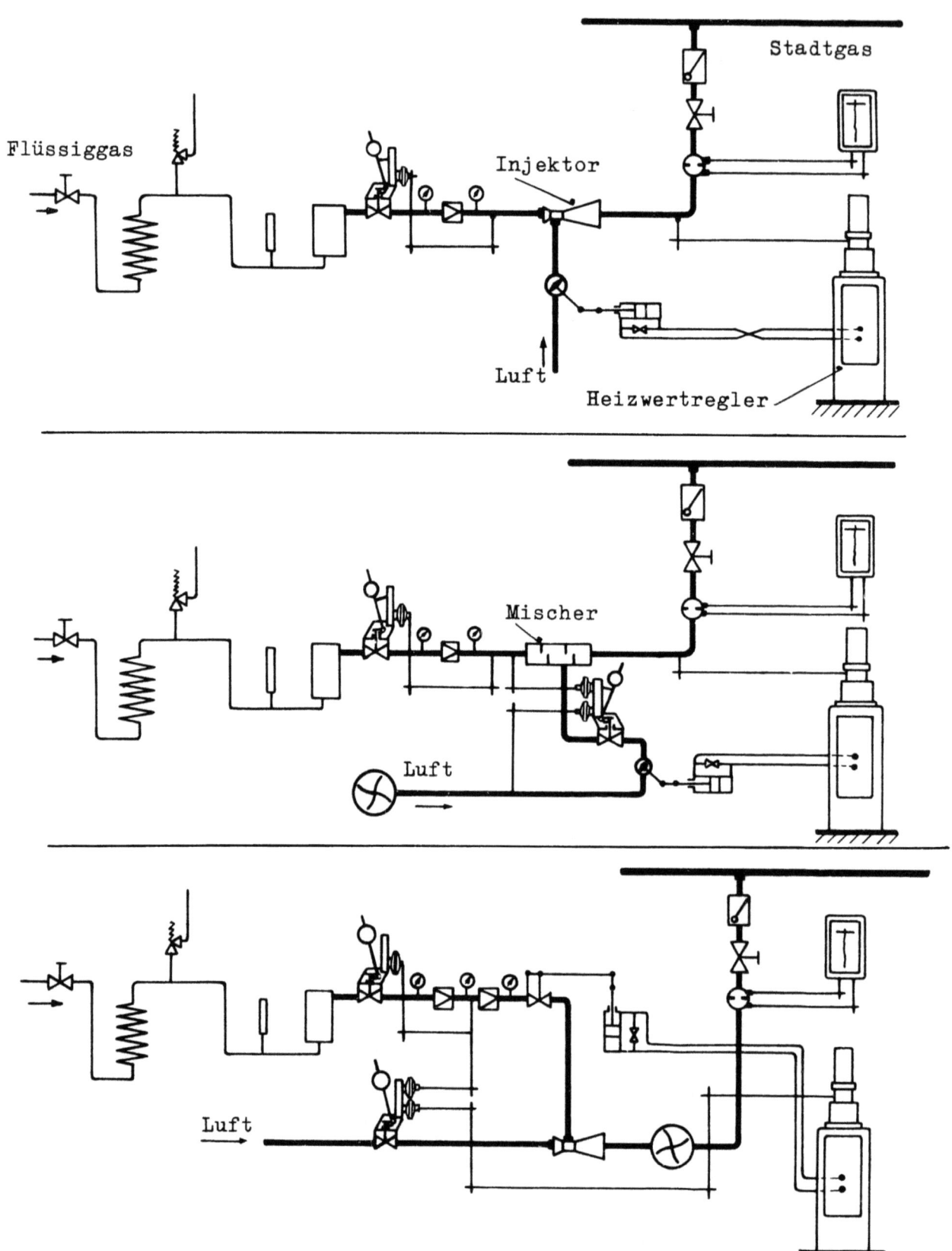

Abbildung 10

ist zum Beispiel in der glasverarbeitenden Industrie der Fall, wo Glaskolben in Automaten auf eine bestimmte Form gebracht werden. Bei größerem Gasbedarf würde der direkte Zusatz von Flüssiggas zu kostspielig. Daher wird in diesen Fällen das Flüssiggas zunächst mit Luft vermischt und durch den Heizwertregler ein dem Hauptgas gleicher Heizwert eingeregelt. Abbildung 10 zeigt verschiedene Möglichkeiten der Flüssiggas-Luft-Mischung.

In der Gasverbundwirtschaft fällt sogenanntes Restgas aus chemischen Umsetzungsprozessen an. Dieses Restgas hat einen hohen und sehr schwankenden Heizwert, beispielsweise von 5000 - 7000 kcal/Nm3. Durch Zusatz von Luft wurde das Restgas auf einen konstanten Heizwert von 4500 kcal/Nm3 gebracht und dieses Mischgas als Unterfeuerungsgas für Koksofenbatterien verwandt, wodurch hochwertiges Koksgas für andere Zwecke frei wurde.

Zusammenfassung

Es wurde die Möglichkeit einer schnellen und einfachen Heizwertregelung untersucht und in der Praxis mit Erfolg angewandt. Die Genauigkeit der Regelung liegt bei 1 bis 2 % des Mischgasheizwertes, je nach Art der zu mischenden Gase und den vorhandenen Betriebsverhältnissen.

Dipl.-Ing. H. F. REINEKE, Bochum
Ing. H. SCHACK, Bochum

F. Literaturverzeichnis

Zu A.

WEDDIGE, Alfred und Josef BOSTEN — Künstliche Ausgasung eines Abbaufeldes und Nutzbarmachung des Methans für die Gasversorgung - Zeitschrift Glückauf, Nr. 8o, (Jahrgang 1944)

Zu B.

ENGEL, F.V.A. — Mittelbare Regler und Regelanlagen - VDI-Verlag, Berlin NW 7, Ausgabe 1944

Zu C.

GIESE, H.G. — Mengenmessung mit Düsen und Blenden bei kleinen Reynoldschen Zahlen - Zeitschrift Forschung, Bd. 4, Heft 1 (1933)

WUNSCH, W. und F. HERNING — Die Bestimmung der Gasdichte nach der Ausströmmethode - Zeitschrift GWF Nr. 79 (1936)

Zu D.

HERNING, F. und Ch. SCHMID — Über ein neues selbsttätiges Gas-Kalorimeter - Gesammelte Berichte der Ruhrgas AG., Heft 1

Zu E.

ALLOLIO, R. — Automatische Regelung des Heizwertes von Brenngasen - Glastechnische Berichte, Zeitschrift für Glaskunde, Heft 22 (1948/9)

Flüssiggas in der Wärmeversorgung - ZfGW-Verlag, Frankfurt

Spitzengasdeckung in Gaswerken - ZfGW-Verlag, Frankfurt

FORSCHUNGSBERICHTE DES WIRTSCHAFTS- UND VERKEHRSMINISTERIUMS NORDRHEIN-WESTFALEN

Herausgegeben von Staatssekretär Prof. Leo Brandt

Heft 1:
Prof. Dr.-Ing. E. Flegler, Aachen
Untersuchungen oxydischer Ferromagnet-Werkstoffe

Heft 2:
Prof. Dr. W. Fuchs, Aachen
Untersuchungen über absatzfreie Teeröle

Heft 3:
Techn.-Wissenschaftl. Büro für die Bastfaserindustrie, Bielefeld
Untersuchungsarbeiten zur Verbesserung des Leinenwebstuhls

Heft 4:
Prof. Dr. E. A. Müller und Dipl.-Ing. H. Spitzer, Dortmund
Untersuchungen über die Hitzebelastung in Hüttebetrieben

Heft 5:
Dipl.-Ing. W. Fister, Aachen
Prüfstand der Turbinenuntersuchungen

Heft 6:
Prof. Dr. W. Fuchs, Aachen
Untersuchungen über die Zusammensetzung und Verwendbarkeit von Schwelteerfraktionen

Heft 7:
Prof. Dr. W. Fuchs, Aachen
Untersuchungen über emsländisches Petrolatum

Heft 8:
M. E. Meffert und H. Stratmann, Essen
Algen-Großkulturen im Sommer 1951

Heft 9:
Techn.-Wissenschaftl. Büro für die Bastfaserindustrie, Bielefeld
Untersuchungen über die zweckmäßige Wicklungsart von Leinengarnkreuzspulen unter Berücksichtigung der Anwendung hoher Geschwindigkeiten des Garnes
Vorversuche für Zetteln und Schären von Leinengarnen auf Hochleistungsmaschinen

Heft 10:
Prof. Dr. W. Vogel, Köln
„Das Streifenpaar" als neues System zur mechanischen Vergrößerung kleiner Verschiebungen und seine technischen Anwendungsmöglichkeiten

Heft 11:
Laboratorium für Werkzeugmaschinen und Betriebslehre, Technische Hochschule Aachen
1. Untersuchungen über Metallbearbeitung im Fräsvorgang mit Hartmetallwerkzeugen und negativem Spanwinkel
2. Weiterentwicklung des Schleifverfahrens für die Herstellung von Präzisionswerkstücken unter Vermeidung hoher Temperaturen
3. Untersuchung von Oberflächenveredlungsverfahren zur Steigerung der Belastbarkeit hochbeanspruchter Bauteile

Heft 12:
Elektrowärme-Institut, Langenberg (Rhld.)
Induktive Erwärmung mit Netzfrequenz

Heft 13:
Techn.-Wissenschaftl. Büro für die Bastfaserindustrie, Bielefeld
Das Naßspinnen von Bastfasergarnen mit chemischen Zusätzen zum Spinnbad

Heft 14:
Forschungsstelle für Acetylen, Dortmund
Untersuchungen über Aceton als Lösungsmittel für Acetylen

Heft 15:
Wäschereiforschung Krefeld
Trocknen von Wäschestoffen

Heft 16:
Max-Planck-Institut für Kohlenforschung, Mülheim a. d. Ruhr
Arbeiten des MPI für Kohlenforschung

Heft 17:
Ingenieurbüro Herbert Stein, M. Gladbach
Untersuchung der Verzugsvorgänge in den Streckwerken verschiedener Spinnereimaschinen. 1. Bericht: Vergleichende Prüfung mit verschiedenen Dickenmeßgeräten

Heft 18:
Wäschereiforschung Krefeld
Grundlagen zur Erfassung der chemischen Schädigung beim Waschen

Heft 19:
Techn.-Wissenschaftl. Büro für die Bastfaserindustrie, Bielefeld
Die Auswirkung des Schlichtens von Leinengarnketten auf den Verarbeitungswirkungsgrad, sowie die Festigkeit und Dehnungsverhältnisse der Garne und Gewebe

Heft 20:
Techn.-Wissenschaftl. Büro für die Bastfaserindustrie, Bielefeld
Trocknung von Leinengarnen I
Vorgang und Einwirkung auf die Garnqualität

Heft 21:
Techn.-Wissenschaftl. Büro für die Bastfaserindustrie, Bielefeld
Trocknung von Leinengarnen II
Spulenanordnung und Luftführung beim Trocknen von Kreuzspulen

Heft 22:
Techn.-Wissenschaftl. Büro für die Bastfaserindustrie, Bielefeld
Die Reparaturanfälligkeit von Webstühlen

Heft 23:
Institut für Starkstromtechnik, Aachen
Rechnerische und experimentelle Untersuchungen zur Kenntnis der Metadyne als Umformer von konstanter Spannung auf konstanten Strom

Heft 24:
Institut für Starkstromtechnik, Aachen
Vergleich verschiedener Generator-Metadyne-Schaltungen in bezug auf statisches Verhalten

Heft 25:
Gesellschaft für Kohlentechnik mbH., Dortmund-Eving
Struktur der Steinkohlen und Steinkohlen-Kokse

Heft 26:
Techn.-Wissenschaftl. Büro für die Bastfaserindustrie, Bielefeld
Vergleichende Untersuchungen zweier neuzeitlicher Ungleichmäßigkeitsprüfer für Bänder und Garne hinsichtlich ihrer Eignung für die Bastfaserspinnerei

Heft 27:
Prof. Dr. E. Schratz, Münster
Untersuchungen zur Rentabilität des Arzneipflanzenanbaues
Römische Kamille, Anthemis nobilis L.

Heft 28:
Prof. Dr. E. Schratz, Münster
Calendula officinalis L. Studien zur Ernährung, Blütenfüllung und Rentabilität der Drogengewinnung

Heft 29:
Techn.-Wissenschaftl. Büro für die Bastfaserindustrie, Bielefeld
Die Ausnützung der Leinengarne in Geweben

Heft 30:
Gesellschaft für Kohlentechnik mbH., Dortmung-Eving
Kombinierte Entaschung und Verschwelung von Steinkohle;
Aufarbeitung von Steinkohlenschlämmen zu verkokbarer oder verschwelbarer Kohle

Heft 31:
Dipl.-Ing. Störmann, Essen
Messung des Leistungsbedarfs von Doppelsteg-Kettenförderern

Heft 32:
Techn.-Wissenschaftl. Büro für die Bastfaserindustrie, Bielefeld
Der Einfluß der Natriumchloridbleiche auf Qualität und Verwebbarkeit von Leinengarnen und die Eigenschaften der Leinengewebe unter besonderer Berücksichtigung des Einsatzes von Schützen- und Spulenwechselautomaten in der Leinenweberei

Heft 33:
Kohlenstoffbiologische Forschungsstation e. V.
Eine Methode zur Bestimmung von Schwefeldioxyd und Schwefelwasserstoff in Rauchgasen und in der Atmosphäre

Heft 34:
Textilforschungsanstalt Krefeld
Quellungs- und Entquellungsvorgänge bei Faserstoffen

Heft 35:
Professor Dr. W. Kast, Krefeld
Feinstrukturuntersuchungen an künstlichen Zellulosefasern verschiedener Herstellungsverfahren

Heft 36:
Forschungsinstitut der feuerfesten Industrie, Bonn
Untersuchungen über die Trocknung von Rohton
Untersuchungen über die chemische Reinigung von Silika- und Schamotte-Rohstoffen mit chlorhaltigen Gasen

Heft 37:
Forschungsinstitut der feuerfesten Industrie, Bonn
Untersuchungen über den Einfluß der Probenvorbereitung auf die Kaltdruckfestigkeit feuerfester Steine

Heft 38:
Forschungsstelle für Acetylen, Dortmund
Untersuchungen über die Trocknung von Acetylen zur Herstellung von Dissousgas

Heft 39:
Forschungsgesellschaft Blechverarbeitung e. V., Düsseldorf
Untersuchungen an prägegemusterten und vorgelochten Blechen

Heft 40:
Landesgeologe Dr.-Ing. W. Wolff, Amt für Bodenforschung, Krefeld
Untersuchungen über die Anwendbarkeit geophysikalischer Verfahren zur Untersuchung von Spateisengängen im Siegerland

Heft 41:
Techn.-Wissenschaftl. Büro für die Bastfaserindustrie, Bielefeld
Untersuchungsarbeiten zur Verbesserung des Leinenwebstuhles II

Heft 42:
Professor Dr. B. Helferich, Bonn
Untersuchungen über Wirkstoffe — Fermente — in der Kartoffel und die Möglichkeit ihrer Verwendung

Heft 43:
Forschungsgesellschaft Blechverarbeitung e. V., Düsseldorf
Forschungsergebnisse über das Beizen von Blechen

Heft 44:
Arbeitsgemeinschaft für praktische Dehnungsmessung, Düsseldorf
Eigenschaften und Anwendungen von Dehnungsmeßstreifen

Heft 45:
Losenhausenwerk Düsseldorfer Maschinenbau AG., Düsseldort
Untersuchungen von störenden Einflüssen auf die Lastgrenzenanzeige von Dauerschwingprüfmaschinen

Heft 46:
Prof. Dr. W. Fuchs, Aachen
Untersuchungen über die Aufbereitung von Wasser für die Dampferzeugung in Benson-Kesseln

Heft 47:
Prof. Dr.-Ing. K. Krekeler, Aachen
Versuche über die Anwendung der induktiven Erwärmung zum Sintern von hochschmelzenden Metallen sowie zur Anlegierung und Vergütung von aufgespritzten Metallschichten mit dem Grundwerkstoff

Heft 48:
Max-Planck-Institut für Eisenforschung, Düsseldorf
Spektrochemische Analyse der Gefügebestandteile in Stählen nach ihrer Isolierung

Heft 49:
Max-Planck-Institut für Eisenforschung, Düsseldorf
Untersuchungen über Ablauf der Desoxydation und die Bildung von Einschlüssen in Stählen

Heft 50:
Max-Planck-Institut für Eisenforschung, Düsseldorf
Flammenspektralanalytische Untersuchung der Ferritzusammensetzung in Stählen

Heft 51:
Verein zur Förderung von Forschungs- und Entwicklungsarbeiten in der Werkzeugindustrie e. V., Remscheid
Untersuchungen an Kreissägeblättern für Holz,
Fehler- und Spannungsprüfverfahren

Heft 52:
Forschungsstelle für Azetylen, Dortmund
Untersuchungen über den Umsatz bei der explosiblen Zersetzung von Azetylen
 a) Zersetzung von gasförmigem Azetylen,
 b) Zersetzung von an Silikagel adsorbiertem Azetylen

Heft 53:
Professor Dr.-Ing. H. Opitz, Aachen
Reibwert- und Verschleißmessungen an Kunststoffgleitführungen für Werkzeugmaschinen

Heft 54:
Professor Dr.-Ing. F. A. F. Schmidt, Aachen
Schaffung von Grundlagen für die Erhöhung der spez. Leistung und Herabsetzung des spez. Brennstoffverbrauches bei Ottomotoren mit Teilbericht über Arbeiten an einem neuen Einspritzverfahren

Heft 55:
Forschungsgesellschaft Blechverarbeitung e. V., Düsseldorf
Chemisches Glänzen von Messing und Neusilber

Heft 56:
Forschungsgesellschaft Blechverarbeitung e. V., Düsseldorf
Untersuchungen über einige Probleme der Behandlung von Blechoberflächen

Heft 57:
Prof. Dr.-Ing. F. A. F. Schmidt, Aachen
Untersuchungen zur Erforschung des Einflusses des chemischen Aufbaues des Kraftstoffes auf sein Verhalten im Motor und in Brennkammern von Gasturbinen

Heft 58:
Gesellschaft für Kohlentechnik m. b. H., Dortmund
Herstellung und Untersuchung von Steinkohlenschwelteer

Heft 59:
Forschungsinstitut der Feuerfest-Industrie e. V., Bonn
Ein Schnellanalysenverfahren zur Bestimmung von Aluminiumoxyd, Eisenoxyd und Titanoxyd in feuerfestem Material mittels organischer Farbreagenzien auf photometrischem Wege
Untersuchungen des Alkali-Gehaltes feuerfester Stoffe mit dem Flammenphotometer nach Riehm-Lange

Heft 60:
Forschungsgesellschaft Blechverarbeitung e. V., Düsseldorf
Untersuchungen über das Spritzlackieren im elektrostatischen Hochspannungsfeld

Heft 61:
Verein zur Förderung von Forschungs- und Entwicklungsarbeiten in der Werkzeugindustrie e. V., Remscheid
Schwingungs- und Arbeitsverhalten von Kreissägeblättern für Holz

Heft 62:
Professor Dr. W. Franz, Institut für theoretische Physik der Universität Münster
Berechnung des elektrischen Durchschlags durch feste und flüssige Isolatoren

Heft 63:
Textilforschungsanstalt Krefeld
Neue Methoden zur Untersuchung der Wirkungsweise von Textilhilfsmitteln
Untersuchungen über Schlichtungs- und Entschlichtungsvorgänge

Heft 64:
Textilforschungsanstalt Krefeld
Die Kettenlängenverteilung von hochpolymeren Faserstoffen
Über die fraktionierte Fällung von Polyamiden

Heft 65:
Fachverband Schneidwarenindustrie, Solingen
Untersuchungen über das elektrolytische Polieren von Tafelmesserklingen aus rostfreiem Stahl

Heft 66:
Dr.-Ing. P. Füsgen VDI †, Düsseldorf
Untersuchungen über das Auftreten des Ratterns bei selbsthemmenden Schneckengetrieben und seine Verhütung

Heft 67:
Heinrich Wösthoff o. H. G., Apparatebau, Bochum
Entwicklung einer chemisch-physikalischen Apparatur zur Bestimmung kleinster Kohlenoxyd-Konzentrationen

Heft 68:
Kohlenstoffbiologische Forschungsstation e. V., Essen
Algengroßkulturen im Sommer 1952
II. Über die unsterile Großkultur von Scenedesmus obliquus

Heft 69:
Wäschereiforschung Krefeld
Bestimmung des Faserabbaues bei Leinen unter besonderer Berücksichtigung der Leinengarnbleiche

Heft 70:
Wäschereiforschung Krefeld
Trocknen von Wäschestoffen

Heft 71:
Prof. Dr.-Ing. K. Leist, Aachen
Kleingasturbinen, insbesondere zum Fahrzeugantrieb

Heft 72:
Prof. Dr.-Ing. K. Leist, Aachen
Beitrag zur Untersuchung von stehenden geraden Turbinengittern mit Hilfe von Druckverteilungsmessungen

Heft 73:
Prof. Dr.-Ing. K. Leist, Aachen
Spannungsoptische Untersuchungen von Turbinenschaufelfüßen

Heft 74:
Max-Planck-Institut für Eisenforschung, Düsseldorf
Versuche zur Klärung des Umwandlungsverhaltens eines sonderkarbidbildenden Chromstahls

Heft 75:
Max-Planck-Institut für Eisenforschung, Düsseldorf
Zeit-Temperatur-Umwandlungs-Schaubilder als Grundlage der Wärmebehandlung der Stähle

Heft 76:
Max-Planck-Institut für Arbeitsphysiologie, Dortmund
Arbeitstechnische und arbeitsphysiologische Rationalisierung von Mauersteinen

Heft 77:
Meteor Apparatebau Paul Schmeck G. m. b H., Siegen
Entwicklung von Leuchtstoffröhren hoher Leistung

Heft 78:
Forschungsstelle für Acetylen, Dortmund
Über die Zustandsgleichung des gasförmigen Acetylens und das Gleichgewicht Acetylen — Aceton

Heft 79:
Techn.-Wissenschaftl. Büro für die Bastfaserindustrie, Bielefeld
Trocknung von Leinengarnen III
Spinnspulen- und Spinnkopstrocknung
Vorgang und Einwirkung auf die Garnqualität

Heft 80:
Techn.-Wissenschaftl. Büro für die Bastfaserindustrie, Bielefeld
Die Verarbeitung von Leinengarn auf Webstühlen mit und ohne Oberbau

Heft 81:
Prüf- und Forschungsinstitut für Ziegeleierzeugnisse, Essen-Kray
Die Einführung des großformatigen Einheits-Gitterziegels im Lande Nordrhein-Westfalen

Heft 82:
Vereinigte Aluminium-Werke AG., Bonn
Forschungsarbeiten auf dem Gebiet der Veredelung von Aluminium-Oberflächen

Heft 83:
Prof. Dr. S. Strugger, Münster
Über die Struktur der Proplastiden

Heft 84:
Dr. H. Baron, Düsseldorf
Über Standardisierung von Wundtextilien

Heft 85:
Textilforschungsanstalt Krefeld
Physikalische Untersuchungen an Fasern, Fäden, Garnen und Geweben:
Untersuchungen am Knickscheuergerät nach Weltzien

Heft 86:
Prof. Dr.-Ing. H. Opitz, Aachen
Untersuchungen über das Fräsen von Baustahl sowie über den Einfluß des Gefüges auf die Zerspanbarkeit

Heft 87:
Gemeinschaftsausschuß Verzinken, Düsseldorf
Untersuchungen über Güte von Verzinkungen

Heft 88:
Gesellschaft für Kohlentechnik mbH., Dortmund-Eving
Oxydation von Steinkohle mit Salpetersäure

Heft 89:
Verein Deutscher Ingenieure, Gleitlagerforschung, Düsseldorf und Prof. Dr.-Ing. G. Vogelpohl, Göttingen
Versuche mit Preßstoff-Lagern für Walzwerke

Heft 90:
Forschungs-Institut der Feuerfest-Industrie, Bonn
Das Verhalten von Silikasteinen im Siemens-Martin-Ofengewölbe

Heft 91:
Forschungs-Institut der Feuerfest-Industrie, Bonn
Untersuchungen des Zusammenhangs zwischen Leistung und Kohlenverbrauch von Kammeröfen zum Brennen von feuerfesten Materialien

Heft 92:
Techn.-Wissenschaftl. Büro für die Bastfaserindustrie, Bielefeld und Laboratorium für textile Meßtechnik, M.-Gladbach
Messungen von Vorgängen am Webstuhl

Heft 93:
Prof. Dr. W. Kast, Krefeld
Spinnversuche zur Strukturerfassung künstlicher Zellulosefasern

Heft 94:
Prof. Dr. G. Winter, Bonn
Die Heilpflanzen des MATTHIOLUS (1611) gegen Infektionen der Harnwege und Verunreinigung der Wunden bzw. zur Förderung der Wundheilung im Lichte der Antibiotikaforschung

Heft 95:
Prof. Dr. G. Winter, Bonn
Untersuchungen über die flüchtigen Antibiotika aus der Kapuziner- (Tropaeolum maius) und Gartenkresse (Lepidium sativum) und ihr Verhalten im menschlichen Körper bei Aufnahme von Kapuziner- bzw. Gartenkressensalat per os

Heft 96:
Dr.-Ing. P. Koch, Dortmund
Austritt von Exoelektronen aus Metalloberflächen unter Berücksichtigung der Verwendung des Effektes für die Materialprüfung

Heft 97:
Ing. H. Stein, Laboratorium für textile Meßtechnik, M.-Gladbach
Untersuchung der Verzugsvorgänge an den Streckwerken verschiedener Spinnereimaschinen
2. Bericht: Ermittlung der Haft-Gleiteigenschaften von Faserbändern und Vorgarnen

Heft 98:
Fachverband Gesenkschmieden, Hagen
Die Arbeitsgenauigkeit beim Gesenkschmieden unter Hämmern

Heft 99:
Prof. Dr.-Ing. G. Garbotz, Aachen
Der Kraft- und Arbeitsaufwand sowie die Leistungen beim Biegen von Bewehrungsstählen in Abhängigkeit von den Abmessungen, den Formen und der Güte der Stähle (Ermittlung von Leistungsrichtlinien)

Heft 100:
Prof. Dr.-Ing. H. Opitz, Aachen
Untersuchungen von elektrischen Antrieben, Steuerungen und Regelungen an Werkzeugmaschinen

Heft 101:
Prof. Dr.-Ing. H. Opitz, Aachen
Wirtschaftlichkeitsbetrachtungen beim Außenrundschleifen

Heft 102:
Dr. P. Hölemann, Ing. R. Hasselmann und Ing. G. Dix, Dortmund
Untersuchungen über die thermische Zündung von explosiblen Acetylenzersetzungen in Kapillaren

Heft 103:
Prof. Dr. W. Weizel, Bonn
Durchführung von experimentellen Untersuchungen über den zeitlichen Ablauf von Funken in komprimierten Edelgasen sowie zu deren mathematischen Berechnung

Heft 104:
Prof. Dr. W. Weizel, Bonn
Über den Einfluß der Elektroden auf die Eigenschaften von Cadmium-Sulfid-Widerstands-Photozellen

Heft 105:
Dr.-Ing. R. Meldau, Harsewinkel Westf.
Auswertung von Gekörn — Analysen des Musterstaubes „Flugasche Fortuna I"

Heft 106:
ORR. Dr.-Ing. W. Küch, Dortmund
Untersuchungen über die Einwirkung von feuchtigkeitsgesättigter Luft auf die Festigkeit von Leimverbindungen

Heft 107:
Prof. Dr. H. Lange und Dipl.-Phys. P. St. Pütter, Köln
Über die Konstruktion von Laboratoriumsmagneten

Heft 108:
Prof. Dr. W. Fuchs, Aachen
Untersuchungen über neue Beizmethoden und Beizabwässer
I. Die Entzunderung von Drähten mit Natriumhydrid
II. Die Aufbereitung von Beizabwässern

Heft 109:
Dr. P. Hölemann und Ing. R. Hasselmann, Dortmund
Untersuchungen über die Löslichkeit von Azetylen in verschiedenen organischen Lösungsmitteln

Heft 110:
Dr. P. Hölemann und Ing. R. Hasselmann, Dortmund
Untersuchungen über den Druckverlauf bei der explosiblen Zersetzung von gasförmigem Azetylen

Heft 111:
Fachverband Steinzeugindustrie, Köln
Die Entwicklung eines Gerätes zur Beschickung seitlicher Feuer von Steinzeug-Einzelkammeröfen mit festen Brennstoffen

Heft 112:
Prof. Dr.-Ing. H. Opitz, Aachen
Verschleißmessungen beim Drehen mit aktivierten Hartmetallwerkzeugen

Heft 113:
Prof. Dr. O. Graf, Dortmund
Erforschung der geistigen Ermüdung und nervösen Belastung: Studien über die vegetative 24-Stunden-Rhythmik in Ruhe und unter Belastung

Heft 114:
Prof. Dr. O. Graf, Dortmund
Studien über Fließarbeitsprobleme an einer praxisnahen Experimentieranlage

Heft 115:
Prof. Dr. O. Graf, Dortmund
Studium über Arbeitspausen in Betrieben bei freier und zeitgebundener Arbeit (Fließarbeit) und ihre Auswirkung auf die Leistungsfähigkeit

Heft 116:
Prof. Dr.-Ing. E. Siebel und Dr.-Ing. H. Weiss, Stuttgart
Untersuchungen an einigen Problemen des Tiefziehens — I. Teil

Heft 117:
Dr.-Ing. H. Beißwänger, Stuttgart, und Dr.-Ing. S. Schwandt, Trier
Untersuchungen an einigen Problemen des Tiefziehens — II. Teil

Heft 118:
Prof. Dr. E. A. Müller und Dr. H. G. Wenzel, Dortmund
Neuartige Klima-Anlage zur Erzeugung ungleicher Luft- und Strahlungstemperaturen in einem Versuchsraum

Heft 119:
Dr.-Ing. O. Viertel, Krefeld
Wäscherei- und energietechnische Untersuchung einer Gemeinschafts-Waschanlage

Heft 120:
Dipl.-Ing. Weisbecker, Lüdenscheid
Über Anfressung an Reinstaluminium-Schweißnähten bei der elektrolytischen Oxydation
Gebr. Hörstermann GmbH., Velbert
Entwicklung und Erprobung eines neuartigen Gummibandförderers

Heft 121:
Dr. H. Krebs, Bonn
I. Die Struktur und die Eigenschaften der Halbmetalle
II. Die Bestimmung der Atomverteilung in amorphen Substanzen
III. Die chemische Bindung in anorganischen Festkörpern und das Entstehen metallischer Eigenschaften

Heft 122:
Prof. Dr. W. Fuchs, Aachen
Untersuchungen zur Verbesserung der Wasseraufbereitung und Wasseranalyse:
Über die Schnellbewertung von Ionenaustauscher

Heft 123:
Dipl.-Ing. J. Emondts, Aachen
Über Bodenverformungen bei stark gestörtem und mächtigem, wasserführendem Deckgebirge im Aachener Steinkohlengebiet

Heft 124:
Prof. Dr. R. Seÿffert, Köln
Wege und Kosten der Distribution der Hausratwaren im Lande Nordrhein-Westfalen

Heft 125:
Prof. Dr. E. Kappler, Münster
Eine neue Methode zur Bestimmung von Kondensations-Koeffizienten von Wasser

Heft 126:
Prof. Dr.-Ing. J. Mathieu, Aachen
Arbeitszeitvergleich
Grundlagen, Methodik und praktische Durchführung

Heft 127:
Güteschutz Betonstein e. V.,
Arbeitskreis Nordrhein-Westfalen, Dortmund
Die Betonwaren-Gütesicherung im Lande Nordrhein-Westfalen

Heft 128:
Prof. Dr. O. Schmitz-DuMont, Bonn
Untersuchungen über Reaktionen in flüssigem Ammoniak

Heft 129:
Prof. Dr.-Ing. J. Mathieu und Dr. C. A. Roos, Aachen
Die Anlernung von Industriearbeitern
I. Ergebnisse einer grundsätzlichen Untersuchung der gegenwärtigen Industriearbeiter-Kurzanlernung

Heft 130:
Prof.-Dr.-Ing. J. Mathieu und Dr. C. A. Roos, Aachen
Die Anlernung von Industriearbeitern
II. Beiträge zur Methodenfrage der Kurzanlernung

Heft 131:
Dr. W. Hoerburger, Köln
Versuche zur Biosynthese von Eiweiß aus Kohlenwasserstoff

Heft 132:
Prof. Dr. W. Seith, Münster
Über Diffusionserscheinungen in festen Metallen

Heft 133:
Prof. Dr. E. Jenckel, Aachen
Über einen für Schwermetalle selektiven Ionenaustauscher

Heft 134:
Prof. Dr.-Ing. H. Winterhager, Aachen
Über die elektrochemischen Grundlagen der Schmelzfluß-Elektrolyse von Bleisulfid in geschmolzenen Mischungen mit Bleichlorid

Heft 135:
Prof. Dr.-Ing. K. Krekeler und Dr.-Ing. H. Peukert, Aachen
Die Änderung der mechanischen Eigenschaften thermoplastischer Kunststoffe durch Warmrecken

Heft 136:
Dipl.-Phys. P. Pilz, Remscheid
Über spezielle Probleme der Zerkleinerungstechnik von Weichstoffen

Heft 137:
Prof. Dr. W. Baumeister, Münster
Beiträge zur Mineralstoffernährung der Pflanzen

Heft 138:
Dr. P. Hölemann und Ing. R. Hasselmann, Dortmund
Untersuchungen über die Zersetzungswärme von gasförmigem und in Azeton gelöstem Azetylen

Heft 139:
Prof. Dr. W. Fuchs, Aachen
Studien über die thermische Zersetzung der Kohle und die Kohledestillatprodukte

Heft 140:
Dr.-Ing. G. Hausberg, Essen
Modellversuche an Zyklonen

Heft 141:
Dr. J. van Calker und Dr. R. Wienecke, Münster
Untersuchungen über den Einfluß dritter Analysenpartner auf die spektrochemische Analyse

Heft 142:
Dipl.-Ing. G. M. F. Wiebel, Hannover, A. Konermann und
A. Ottenheym, Sennelager
Entwicklung eines Kalksandleichtsteines

Heft 143:
Prof. Dr. F. Wever, Dr. A. Rose und Dipl.-Ing. W. Straßburg, Düsseldorf
Härtbarkeit und Umwandlungsverhalten der Stähle

Heft 144:
Prof. Dr. H. Wurmbach, Bonn
Steuerung von Wachstum und Formbildung

Heft 145:
Dr. G. Hennemann, Werdohl (Westf.)
Beitrag zur Interpretation der modernen Atomphysik

Heft 146:
Dr.-Ing. F. Gruß, Düsseldorf
Sterilisation mit Heißluft

Heft 147:
Dr.-Ing. W. Rudisch, Unna
Untersuchung einer drehelastischen Elektromagnet-Synchronkupplung

Heft 148:
Prof. Dr. H. Bittel und Dipl.-Phys. L. Storm, Münster
Untersuchungen über Widerstandsrauschen

Heft 149:
Dipl.-Ing. K. Konopicky und Dipl.-Chem. P. Kampa, Bonn
I. Beitrag zur flammenphotometrischen Bestimmung des Calciums
Dr.-Ing. K. Konopicky, Bonn
II. Die Wanderung von Schlackenbestandteilen in feuerfesten Baustoffen

Heft 150:
Prof. Dr.-Ing. O. Kienzle und Dipl.-Ing. W. Timmerbeil, Hannover
Das Durchziehen enger Kragen an ebenen Fein- und Mittelblechen

Heft 151:
Dipl.-Ing. P. Karabasch, Aachen
Feststellung des optimalen Gasgehaltes von Bronzen zur Erzielung druckdichter Gußstücke

Heft 152:
Dipl.-Ing. G. Müller, Köln
Ermittlung der Laufeigenschaften (Vergießbarkeit) von Bronze und Rotguß mittels der Schneider-Gießspirale

Heft 153:
Prof. Dr. F. Wever, Dr.-Ing. W. A. Fischer und Dipl-Ing. J. Engelbrecht, Düsseldorf
I. Die Reduktion sauerstoffhaltiger Eisenschmelzen im Hochvakuum mit Wasserstoff und Kohlenstoff
II. Einfluß geringer Sauerstoffgehalte auf das Gefüge und Alterungsverhalten von Reineisen

Heft 154:
Prof. Dr.-Ing. P. Bardenheuer und Dr.-Ing. W. A. Fischer, Düsseldorf
Die Verschlackung von Titan aus Stahlschmelzen im sauren und basischen Hochfrequenzofen unter verschiedenen Schlacken

Heft 155:
Dipl.-Phys. K. H. Schirmer, München
Die auf Grau abgestimmte Farbwiedergabe im Dreifarbenbuchdruck

Heft 156:
Prof. Dr.-Ing. B. von Borries und Mitarbeiter, Düsseldorf
Die Entwicklung regelbarer permanentmagnetischer Elektronenlinsen hoher Brechkraft und eines mit ihnen ausgerüsteten Elektronenmikroskopes neuer Bauart

Heft 157:
Dr. W. Jawtusch, Dr. G. Schuster und Prof. Dr.-Ing. R. Jaeckel, Bonn
Untersuchungen über die Stoßvorgänge zwischen neutralen Atomen und Molekülen

Heft 158:
Dipl.-Ing. W. Rosenkranz, Meinerzhagen
Ein Beitrag zum Problem der Spannungskorrosion bei Preßprofilen und Preßteilen aus Aluminium-Legierungen

Heft 159:
Dr.-Ing. O. Viertel und O. Oldenroth, Krefeld
Das Bleichen von Weißwäsche mit Wasserstoffsuperoxyd bzw. Natriumhypochlorit beim maschinellen Waschen

Heft 160:
Prof. Dr. W. Klemm, Münster
Über neue Sauerstoff- und Fluor-haltige Komplexe

Heft 161:
Prof. Dr. W. Weltzien und Dr. G. Hauschild, Krefeld
Über Silikone und ihre Anwendung in der Textilveredlung

Heft 162:
Prof. Dr. F. Wever, Prof. Dr. A. Knochendörfer und Dr.-Ing. Chr. Rohrbach, Düsseldorf
Kennzeichnung der Sprödbruchneigung von Stählen durch Messung der Fließspannung, Reißspannung und Brucheinschnürung an dreiachsig beanspruchten Proben

Heft 163:
Dipl.-Ing. W. Rohs und Text.-Ing. H. Griese, Bielefeld
Untersuchungsarbeiten zur Verbesserung des Leinenwebstuhles III

Heft 164:
Dr.-Ing. H. Schmachtenberg, Köln
Neuartige Prüfeinrichtungen für Kraftfahrzeuge

Heft 165:
Dr.-Ing. W. Wilhelm, Aachen
Instationäre Gasströmung im Auspuffsystem eines Zweitaktmotors

Heft 166:
Prof. Dr. M. von Stackelberg, Dr. H. Heindze, Dr. H. Hübschke und Dr. K. H. Frangen, Bonn
Kolloidchemische Untersuchungen

Heft 167:
Prof. Dr.-Ing. F. Schuster, Essen
I. Über die Heißkarburierung von Brenngasen mit Ölen und Teeren
II. Die Strahlungsvorgänge in brennstoffbeheizten Öfen bei verschiedenen Verbrennungsatmosphären

Heft 168:
Prof. Dr.-Ing. F. Schuster, Essen
I. Luftvorwärmung an Gasfeuerungen
II. Heizwerthöhe von Brenngasen und Wirkungsgrad sowie Gasverbrauch bei der Gasverwendung
III. Sauerstoffangereicherte Luft und feuerungstechnische Kenngrößen von Brenngasen

Heft 169:
Forschungsinstitut für Pigmente und Lacke, Stuttgart
Arbeiten über die Bestimmung des Gebrauchswertes von Lackfilmen durch physikalische Prüfungen

Heft 170:
Prof. Dr. F. Wever, Dr. A. Rose und Dipl.-Ing. L. Rademacher, Düsseldorf
Anwendung der Umwandlungsschaubilder auf Fragen der Werkstoffauswahl beim Schweißen und Flammhärten

Heft 171:
Wäschereiforschung, Krefeld
Untersuchung der Wäscheentwässerung mit Hilfe von Zentrifugen und Pressen

Heft 172:
Dipl.-Ing. W. Rohs, Dr.-Ing. G. Satlow und Text.-Ing. G. Heller, Bielefeld
Trocknung von Hanfgarnen. Kreuzspultrocknung

Heft 173:
Prof. Dr. W. Kast, Krefeld, Prof. Dr. R. Hosemann und Dipl.-Phys. G. Schoknecht, Berlin
Lichtoptische Herstellung und Diskussion der Faltungsquadrate parakristalliner Gitter

Heft 174:
Prof. Dr. W. von Fragstein, Dr. J. Meingast und H. Hoch, Köln
Herstellung von Solen einheitlicher Teilchengröße und Ermittlung ihrer optischen Eigenschaften

Heft 175:
Dr.-Ing. H. Zeller, Aachen
Beitrag zur eindimensionalen stationären und nichtstationären Gasströmung mit Reibung und Wärmeleitung insbesondere in Rohren mit unstetigen Querschnittsänderungen

Heft 176:
Dipl.-Ing. H. Schöberl, Duisburg
Über die Methoden zur Ermittlung der Verbrennungstemperatur von Brennstoffen und ein Vorschlag zu ihrer Verbesserung

Heft 177:
Dipl.-Ing. H. Stüdemann, Solingen, und Dr.-Ing. W. Müchler, Essen
Entwicklung eines Verfahrens zur zahlenmäßigen Bestimmung der Schneideigenschaften von Messerklingen

Heft 178:
Prof. Dr. M. von Stackelberg und Dr. W. Hans, Bonn
Untersuchungen zur Ausarbeitung und Verbesserung von polarographischen Analysenmethoden

Heft 179:
Dipl.-Ing. H. F. Reineke, Bochum
Entwicklungsarbeiten auf dem Gebiete der Meß- und Regeltechnik

Heft 180:
Dr.-Ing. W. Piepenburg, Dipl.-Ing. B. Bühling und Bauing. J. Behnke, Köln
Putzarbeiten im Hochbau und Versuche mit aktiviertem Mörtel und mechanischem Mörtelauftrag

Heft 181:
Prof. Dr. W. Franz, Münster
Theorie der elektrischen Leitvorgänge in Halbleitern und isolierenden Festkörpern bei hohen elektrischen Feldern

Heft 182:
Dr.-Ing. P. Schenk und Dr. K. Osterloh, Düsseldorf
Katalytisch-thermische Spaltung von gasförmigen und flüssigen Kohlenwasserstoffen zur Spitzengaserzeugung

Heft 183:
Dr. W. Bornheim, Köln
Entwicklungsarbeiten an Flaschen- und Ampullen-Behandlungsmaschinen für die pharmazeutische Industrie

Heft 184:
Dr.-Ing. E. Printz, Kettwig
Vollhydraulische Parallel-Kupplung für Ackerschlepper

Heft 185:
Dipl.-Ing. W. Rohs und Text.-Ing. G. Heller, Bielefeld
Studien an einem neuzeitlichen Kreuzspultrockner für Bastfasergarne mit Wiederbefeuchtungszone

Heft 186:
Dr. E. Wedekind, Krefeld
Untersuchungen zur Arbeitsbestgestaltung bei der Fertigstellung von Oberhemden in gewerblichen Wäschereien

Heft 187:
Dipl.-Ing. F. Göttgens, Essen
Über die Eigenarten der Bimetall-, Thermo- und Flammenionisationssicherungsmethode in ihrer Anwendung auf Zündsicherungen

Heft 188:
W. Kinnebrock, Langenberg
Der Einfluß des Austausches gleicher Gaskochbrenner bzw. Gaskochbrennerteile auf den Wirkungsgrad und insbesondere auf den CO-Gehalt der Verbrennungsgase

Heft 189:
Fa. E. Leybold's Nachfolger, Köln
I. Ausgewählte Kapitel aus der Vakuumtechnik
II. Zum Verlust anorganisch-nichtflüchtiger Substanzen während der Gefriertrocknung

Heft 190:
Prof. Dr. A. Neuhaus, Prof. Dr. O. Schmitz-DuMont und Dipl.-Chem. H. Reckhard, Bonn
Zur Kenntnis der Alkalititanate

Heft 191:
Dr.-Ing. H. Söhngen, Darmstadt
Schwingungsverhalten eines Schaufelkranzes im Vakuum

Heft 192:
Dipl.-Phys. E. M. Schneider, München
Kohlebogenlampen für Aufnahme und Kopie

Heft 193:
Prof. Dr. O. Schmitz-DuMont, Bonn
Untersuchungen über neue Pigmentfarbstoffe

Heft 194:
Dr. K. Hecht, Köln
Entwicklung neuartiger physikalischer Unterrichtsgeräte

Heft 195:
Dr.-Ing. E. Rößger, Köln
Gedanken über einen neuen deutschen Luftverkehr

Heft 196:
Dipl.-Ing. W. Rohs und Text.-Ing. H. Griese, Bielefeld
Auswirkungen von Garnfehlern bei der Verarbeitung von Leinengarnen

Heft 197:
Dr. E. Wedekind, Krefeld
Untersuchungen zur Bestimmung der optimalen Arbeitsplatzgröße bei Mehrstuhlarbeit in der Weberei

Heft 198:
Prof. Dr. J. Weissinger, Karlsruhe
Zur Aerodynamik des Ringflügels. Die Druckverteilung dünner, fast drehsymmetrischer Flügel in Unterschallströmung

VERÖFFENTLICHUNGEN DER ARBEITSGEMEINSCHAFT FÜR FORSCHUNG DES LANDES NORDRHEIN-WESTFALEN

Naturwissenschaften

Heft 1:
Prof. Dr.-Ing. F. Seewald, Aachen
Neue Entwicklungen auf dem Gebiet der Antriebsmaschinen
Prof. Dr.-Ing. F. A. F. Schmidt, Aachen
Technischer Stand und Zukunftsaussichten der Verbrennungsmaschinen, insbesondere der Gasturbinen
Dr.-Ing. R. Friedrich, Mülheim (Ruhr)
Möglichkeiten und Voraussetzungen der industriellen Verwertung der Gasturbine

Heft 2:
Prof. Dr.-Ing. W. Riezler, Bonn
Probleme der Kernphysik
Prof. Dr. Micheel, Münster
Isotope als Forschungsmittel in der Chemie und Biochemie

Heft 3:
Prof. Dr. E. Lehnartz, Münster
Der Chemismus der Muskelmaschine
Prof. Dr. G. Lehmann, Dortmund
Physiologische Forschung als Voraussetzung der Bestgestaltung der menschlichen Arbeit
Prof. Dr. H. Kraut, Dortmund
Ernährung und Leistungsfähigkeit

Heft 4:
Prof. Dr. F. Wever, Düsseldorf
Aufgaben der Eisenforschung
Prof. Dr.-Ing. H. Schenck, Aachen
Entwicklungslinien des deutschen Eisenhüttenwesens
Prof. Dr.-Ing. M. Haas, Aachen
Wirtschaftliche Bedeutung der Leichtmetalle und ihre Entwicklungsmöglichkeiten

Heft 5:
Prof. Dr. W. Kikuth, Düsseldorf
Virusforschung
Prof. Dr. R. Danneel, Bonn
Fortschritte der Krebsforschung
Prof. Dr. W. Schulemann, Bonn
Wirtschaftliche und organisatorische Gesichtspunkte für die Verbesserung unserer Hochschulforschung

Heft 6:
Prof. Dr. W. Weizel, Bonn
Die gegenwärtige Situation der Grundlagenforschung in der Physik
Prof. Dr. S. Strugger, Münster
Das Duplikantenproblem in der Biologie
Direktor Dr. F. Gummert, Essen
Überlegungen zu den Faktoren Raum und Zeit im biologischen Geschehen und Möglichkeiten einer Nutzanwendung

Heft 7:
Prof. Dr.-Ing. A. Götte, Aachen
Steinkohle als Rohstoff und Energiequelle
Prof. Dr. Dr. e. h. K. Ziegler, Mülheim/Ruhr
Über Arbeiten des Max-Planck-Institutes für Kohlenforschung

Heft 8:
Prof. Dr.-Ing. W. Fucks, Aachen
Die Naturwissenschaft, die Technik und der Mensch
Prof. Dr. W. Hoffmann, Münster
Wirtschaftliche und soziologische Probleme des technischen Fortschritts

Heft 9:
Prof. Dr.-Ing. F. Bollenrath, Aachen
Zur Entwicklung warmfester Werkstoffe
Prof. Dr. H. Kaiser, Dortmund
Stand spektralanalytischer Prüfverfahren und Folgerung für deutsche Verhältnisse

Heft 10:
Prof. Dr. H. Braun, Bonn
Möglichkeiten und Grenzen der Resistenzzüchtung
Prof. Dr.-Ing. C. H. Dencker, Bonn
Der Weg der Landwirtschaft von der Energieautarkie zur Fremdenergie

Heft 11:
Prof. Dr.-Ing. H. Opitz, Aachen
Entwicklungslinien der Fertigungstechnik in der Metallbearbeitung
Prof. Dr.-Ing. K. Krekeler, Aachen
Stand und Aussichten der schweißtechnischen Fertigungsverfahren

Heft 12:
Dr. H. Rathert, Wuppertal-Elberfeld
Entwicklung auf dem Gebiet der Chemiefaser-Herstellung
Prof. Dr. W. Weltzien, Krefeld
Rohstoff und Veredlung in der Textilwirtschaft

Heft 13:
Dr.-Ing. E. h. K. Herz, Frankfurt a. M.
Die technischen Entwicklungstendenzen im elektrischen Nachrichtenwesen
Staatssekretär Prof. L. Brandt, Düsseldorf
Navigation und Luftsicherung

Heft 14:
Prof. Dr. B. Helferich, Bonn
Stand der Enzymchemie und ihre Bedeutung
Prof. Dr. H. W. Knipping, Köln
Ausschnitt aus der klinischen Carcinomforschung am Beispiel des Lungenkrebses

Heft 15:
Prof. Dr. A. Esau, Aachen
Ortung mit elektrischen und Ultraschallwellen in Technik und Natur
Prof. Dr.-Ing. E. Flegler, Aachen
Die ferromagnetischen Werkstoffe der Elektrotechnik und ihre neueste Entwicklung

Heft 16:
Prof. Dr. R. Seyffert, Köln
Die Problematik der Distribution
Prof. Dr. Theodor Beste, Köln
Der Leistungslohn

Heft 17:
Prof. Dr.-Ing. Seewald, Aachen
Luftfahrtforschung in Deutschland und ihre Bedeutung für die allgemeine Technik
Prof. Dr.-Ing. E. Houdremont, Essen
Art und Organisation der Forschung in einem Industrieforschungsinstitut der Eisenindustrie

Heft 18:
Prof. Dr. W. Schulemann, Bonn
Theorie und Praxis pharmakologischer Forschung
Prof. Dr. W. Groth, Bonn
Technische Verfahren zur Isotopentrennung

Heft 19:
Dipl.-Ing. K. Traenckner, Essen
Entwicklungstendenzen der Gaserzeugung

Heft 20:
M. Zvegintzow, London
Wissenschaftliche Forschung und die Auswertung ihrer Ergebnisse
Ziel u. Tätigkeit der National Research Development Corporation
Dr. A. King, London
Wissenschaft und internationale Beziehungen

Heft 21:
Prof. Dr. R. Schwarz, Aachen
Wesen und Bedeutung der Silicium-Chemie
Prof. Dr. Dr. h. c. K. Alder, Köln
Fortschritte in der Synthese von Kohlenstoffverbindungen

Heft 21 a
Prof. Dr. Dr. h. c. O. Hahn, Göttingen
Die Bedeutung der Grundlagenforschung für die Wirtschaft
Prof. Dr. S. Strugger, Münster
Die Erforschung des Wasser- und Nährsalztransportes im Pflanzenkörper mit Hilfe der fluoreszenzmikroskopischen Kinematographie

Heft 22:
Prof. Dr. J. von Allesch, Göttingen
Die Bedeutung der Psychologie im öffentlichen Leben
Prof. Dr. O. Graf, Dortmund
Triebfedern menschlicher Leistung

Heft 23:
Prof. Dr. Dr. h. c. B. Kuske, Köln
Zur Problematik der wirtschaftswissenschaftlichen Raumforschung
Prof. Dr. Dr.-Ing. E. h. St. Prager, Düsseldorf
Städtebau und Landesplanung

Heft 24:
Prof. Dr. R. Danneel, Bonn
Über die Wirkungsweise der Erbfaktoren
Prof. Dr. K. Herzog, Krefeld
Bewegungsbedarf der menschlichen Gliedmaßengelenke bei der Berufsarbeit

Heft 25:
Prof. Dr. O. Haxel, Heidelberg
Energiegewinnung aus Kernprozessen
Dr.-Ing. Dr. M. Wolf, Düsseldorf
Gegenwartsprobleme der energiewirtschaftlichen Forschung

Heft 26:
Prof. Dr. F. Becker, Bonn
Ultrakurzwellenstrahlung aus dem Weltraum
Dr. H. Straßl, Bonn
Bemerkenswerte Doppelsterne und das Problem der Sternentwicklung

Heft 27:
Prof. Dr. H. Behnke, Münster
Der Strukturwandel der Mathematik in der ersten Hälfte des 20. Jahrhunderts
Prof. Dr. E. Sperner, Hamburg
Eine mathematische Analyse der Luftdruckverteilung in großen Gebieten

Heft 28:
Prof. Dr. O. Niemczyk, Aachen
Die Problematik gebirgsmechanischer Vorgänge im Steinkohlenbergbau
Prof. Dr. W. Ahrens, Krefeld
Die Bedeutung geologischer Forschung für die Wirtschaft besonders in Nordrhein-Westfalen

Heft 29:
Prof. Dr. B. Rensch, Münster
Das Problem der Residuen bei Lernleistungen
Prof. Dr. H. Fink, Köln
Über Leberschäden bei der Bestimmung des biologischen Wertes verschiedener Eiweiße von Mikroorganismen

Heft 30:
Prof. Dr.-Ing. F. Seewald, Aachen
Forschungen auf dem Gebiete der Aerodynamik
Prof. Dr.-Ing. K. Leist, Aachen
Forschungen in der Gasturbinentechnik

Heft 31:
Prof. Dr.-Ing. Dr. h. c. F. Mietzsch, Wuppertal
Chemie und wirtschaftliche Bedeutung der Sulfonamide
Prof. Dr. Dr. h. c. G. Domagk, Wuppertal
Die experimentellen Grundlagen der bakteriellen Infektionen

Heft 32:
Prof. Dr. H. Braun, Bonn
Die Verschleppung von Pflanzenkrankheiten und -schädlingen über die Welt
Prof. Dr. W. Rudorf, Voldagsen
Der Beitrag von Genetik und Züchtung zur Bekämpfung von Viruskrankheiten der Nutzpflanzen

Heft 33:
Prof. Dr.-Ing. V. Aschoff, Aachen
Probleme der elektroakustischen Einkanalübertragung
Prof. Dr.-Ing. H. Döring, Aachen
Erzeugung und Verstärkung von Mikrowellen

Heft 34:
Geheimrat Prof. Dr. Dr. R. Schenck, Aachen
Bedingungen und Gang der Kohlenhydratsynthese im Licht
Prof. Dr. E. Lehnartz, Münster
Die Endstufen des Stoffabbaues im Organismus

Heft 35:
Prof. Dr.-Ing. H. Schenck, Aachen
Gegenwartsprobleme der Eisenindustrie in Deutschland
Prof. Dr.-Ing. Piwowarsky †, Aachen
Gelöste und ungelöste Probleme im Gießereiwesen

Heft 36:
Prof. Dr. W. Riezler, Bonn
Teilchenbeschleuniger
Prof. Dr. G. Schubert, Hamburg
Anwendung neuer Strahlenquellen in der Krebstherapie

Heft 37:
Prof. Dr. F. Lotze, Münster
Probleme der Gebirgsbildung
Bergwerksdirektor Bergassessor a. D. Rauschenbach, Essen
Die Erhaltung der Förderungskapazität des Ruhrbergbaues auf lange Sicht

Heft 38:
Dr. E. C. Cherry, London
Kybernetik
Prof. Dr. E. Pietsch, Clausthal-Zellerfeld
Dokumentation und mechanisches Gedächtnis — zur Frage der Ökonomie der geistigen Arbeit

Heft 39:
Dr. H. Haase, Hamburg
Infrarot und seine technischen Anwendungen
Prof. Dr. A. Esau, Aachen
Die Bedeutung des Ultraschalls für technische Anwendungsgebiete

Heft 40:
Bergassessor F. Lange, Bochum-Hordel
Die wirtschaftliche und soziale Bedeutung der Silikose im Bergbau
Prof. Dr. W. Kikuth, Düsseldorf
Die Entstehung der Silikose und ihre Verhütungsmaßnahmen

Heft 40 a:
Prof. Dr. E. Gross, Bonn
Berufskrebs und Krebsforschung
Prof. Dr. H. W. Knipping, Köln
Die Situation der Krebsforschung vom Standpunkt der Klinik

Heft 41:
Dr.-Ing. G. V. Lachmann, Teddington
An einer neuen Entwicklungsschwelle im Flugzeugbau
Dr. A. Gerber, Zürich
Stand der Entwicklung der Raketen- und Lenktechnik

Heft 42:
Prof. Dr. T. Kraus, Köln
Lokalisationsphänomene und Raumordnung vom Standpunkt der geographischen Wissenschaft
Direktor Dr. F. Gummert, Essen
Vom Ernährungsversuchsfeld der Kohlenstoffbiologischen Forschungsstation Essen (Ein 6 Jahre lang durchgeführter Versuch, einen Menschen aus dem Ertrag von 1250 qm zu ernähren)

Heft 42 a:
Prof. Dr. Dr. h. c. G. Domagk, Wuppertal
Fortschritte auf dem Gebiet der experimentellen Krebsforschung

Heft 43:
Prof. G. Lampariello, Rom
Über Leben und Werk von Heinrich Hertz
Prof. Dr. W. Weizel, Bonn
Über das Problem der Kausalität in der Physik

Heft 43 a:
Prof. Dr. J. Mª Albareda, Madrid
Die Entwicklung der Forschung in Spanien

Heft 44:
Prof. Dr. B. Helferich, Bonn
Über Glykose
Prof. Dr. F. Micheel, Münster
Kohlenhydrat-Eiweiß-Verbindungen und ihre bio-chemische Bedeutung

Heft 45:
Prof. Dr. J. von Neumann, Princeton/USA
Entwicklung und Ausnutzung neuerer mathematischer Maschinen
Prof. Dr. E. Stiefel, Zürich
Rechenautomaten im Dienste der Technik mit Beispielen aus dem Züricher Institut für angewandte Mathematik

Heft 46:
Prof. Dr. W. Weltzien, Krefeld
Ausblick auf die Entwicklung synthetischer Fasern
Prof. Dr. W. Hoffmann, Münster
Wachstumsformen der Industriewirtschaft

Heft 47:
Staatssekretär Prof. L. Brandt, Düsseldorf
Die praktische Förderung der Forschung in Nordrhein-Westfalen
Prof. Dr. L. Raiser, Bad Godesberg
Die Förderung der angewandten Forschung durch die Deutsche Forschungsgemeinschaft

Heft 48:
Dr. H. Tromp, Rom
Bestandsaufnahme der Wälder der Welt als internationale und wissenschaftliche Aufgabe
Prof. Dr. F. Heske, Schloß Reinbek
Die Wohlfahrtswirkungen des Waldes als internationales Problem

Heft 49:
Präsident Dr. G. Böhnecke, Hamburg
Zeitfragen der Ozeanographie
Reg.-Direktor Dr. H. Gabler, Hamburg
Nautische Technik und Schiffssicherheit

Heft 50:
Prof. Dr.-Ing. F. A. F. Schmidt, Aachen
Probleme der Selbstentzündung und Verbrennung bei der Entwicklung der Hochleistungskraftmaschinen
Prof. Dr.-Ing. A. W. Quick, Aachen
Ein Verfahren zur Untersuchung des Austauschvorganges in verwirbelten Strömungen hinter Körpern mit abgelöster Strömung

Heft 51:
Prof. Dr. S. Strugger, Münster
Struktur, Entwicklungsgeschichte und Physiologie der Chloroplasten
Direktor Dr. J. Pätzold, Erlangen
Therapeutische Anwendung mechanischer und elektrischer Energie

VERÖFFENTLICHUNGEN DER ARBEITSGEMEINSCHAFT FÜR FORSCHUNG DES LANDES NORDRHEIN-WESTFALEN

Geisteswissenschaften

Heft 1:
Prof. Dr. W. Richter, Bonn
Die Bedeutung der Geisteswissenschaften für die Bildung unserer Zeit
Prof. Dr. J. Ritter, Münster
Die aristotelische Lehre vom Ursprung und Sinn der Theorie

Heft 2:
Prof. Dr. J. Kroll, Köln
Elysium
Prof. Dr. G. Jachmann, Köln
Die vierte Ekloge Vergils

Heft 3:
Prof. Dr. H. Stier, Münster
Die klassische Demokratie

Heft 4:
Prof. Dr. W. Caskel, Köln
Lihyan und Lihyanisch, Sprache und Kultur eines frührarabischen Königreiches

Heft 5:
Prof. Dr. T. Ohm, Münster
Stammesreligionen im südlichen Tanganyika-Territorium

Heft 6:
Prälat Prof. Dr. Dr. h. c. G. Schreiber, Münster
Deutsche Wissenschaftspolitik von Bismarck bis zum Atomwissenschaftler Otto Hahn

Heft 7:
Prof. Dr. W. Holtzmann, Bonn
Das mittelalterliche Imperium und die werdenden Nationen

Heft 8:
Prof. Dr. W. Caskel, Köln
Die Bedeutung der Beduinen in der Geschichte der Araber

Heft 9:
Prälat Prof. Dr. Dr. h. c. G. Schreiber, Münster
Iroschottische Motive im abendländischen Sakralraum

Heft 10:
Prof. Dr. P. Rassow
Forschungen zur Reichsidee im 16. und 17. Jahrhundert

Heft 11:
Prof. Dr. H. E. Stier, Münster
Roms Aufstieg zur Weltherrschaft

Heft 12:
Prof. D. K. Rengstorf, Münster
Mann und Frau im Urchristentum
Prof. Dr. H. Conrad, Bonn
Grundprobleme einer Reform des Familienrechts

Heft 13:
Prof. Dr. M. Braubach, Bonn
Der Weg zum 20. Juli 1944 — Ein Forschungsbericht

Heft 14:
Prof. Dr. P. Hübinger, Münster
Das deutsch-französische Verhältnis und seine mittelalterlichen Grundlagen

Heft 15:
Prof. Dr. F. Steinbach, Bonn
Der geschichtliche Weg des wirtschaftenden Menschen in die soziale Freiheit und politische Verantwortung

Heft 16:
Prof. Dr. J. Koch, Köln
Die Ars coniecturalis des Nikolaus von Cues

Heft 17:
Prof. Dr. J. Conant, US-Hochkommissar für Deutschland
Staatsbürger und Wissenschaftler
Prof. D. K. H. Rengstorf, Münster
Antike und Christentum

Heft 18:
Prof. Dr. R. Alewyn, Köln
Klopstocks Publikum

Heft 19:
Prof. Dr. F. Schalk, Köln
Das Lächerliche in der französischen Literatur des Ancien Régime

Heft 20:
Prof. Dr. L. Raiser, Bad Godesberg
Rechtsfragen der Mitbestimmung

Heft 21:
Prof. D. M. Noth, Bonn
Das Geschichtsverständnis der alttestamentlichen Apokalyptik

Heft 22:
Prof. Dr. W. F. Schirmer, Bonn
Glück und Ende des Königs in Shakespeares Historien

Heft 23:
Prof. Dr. G. Jachmann, Köln
Der homerische Schiffskatalog und die Ilias

Heft 24:
Prof. Dr. T. Klauser, Bonn
Die römischen Petrustraditionen im Lichte der neuen Ausgrabungen unter der Peterskirche

Heft 25:
Prof. Dr. H. Peters, Köln
Die Gewaltentrennung in moderner Sicht

Heft 26:
Prof. Dr. F. Schalk, Köln
Calderon und die Mythologie

Heft 27:
Prof. Dr. J. Kroll, Köln
Vom Leben geflügelter Worte

Heft 28:
Prof. Dr. T. Ohm, Münster
Die Religionen in Asien

Heft 29:
Prof. Dr. L. Weisgerber, Bonn
Die Ordnung der Sprache im persönlichen und öffentlichen Leben

Heft 30:
Prof. Dr. W. Caskel, Köln
Entdeckungen in Arabien

Heft 31:
Prof. Dr. M. Braubach, Bonn
Entstehung und Entwicklung der landesgeschichtlichen Bestrebungen und historischen Vereine im Rheinland

Heft 32:
Prof. Dr. F. Schalk, Köln
Somnium und verwandte Wörter in den romanischen Sprachen

Heft 33:
Prof. Dr. F. Dessauer, Frankfurt a. M.
Erbe und Zukunft des Abendlandes

Heft 34:
Prof. Dr. T. Ohm, Münster
Ruhe und Frömmigkeit

Heft 35:
Prof. Dr. H. Conrad, Bonn
Die mittelalterliche Besiedlung des deutschen Ostens und das deutsche Recht

Heft 36:
Prof. Dr. H. Sckommodau, Köln
Die religiösen Dichtungen Margaretes von Navarra

Heft 37:
Prof. Dr. H. von Einem, Bonn
Der Kopf mit der Binde des Meisters von Naumburg

Heft 38:
Prof. Dr. J. Höffner, Münster
Statik und Dynamik in der scholastischen Wirtschaftsethik

Heft 39:
Prof. Dr. F. Schalk, Köln
Diderots Essai über Claudius und Nero

Heft 40:
Prof. Dr. G. Kegel, Köln
Probleme des internationalen Enteignungs- und Währungsrechts

Heft 41:
Prof. Dr. L. Weisgerber, Bonn
Die Grenzen der Schrift

Heft 42:
Prof. Dr. R. Alewyn, Köln
Von der Empfindsamkeit zur Romantik

Heft 43:
Prof. Dr. T. Schieder, Köln
Die Probleme des Rapallo-Vertrages 1922

Heft 44:
Prof. Dr. A. Rumpf, Köln
Stilphasen der spätantiken Kunst

If you have any concerns about our products,
you can contact us on
ProductSafety@springernature.com

In case Publisher is established outside the EU,
the EU authorized representative is:
**Springer Nature Customer Service Center GmbH
Europaplatz 3, 69115 Heidelberg, Germany**

Printed by Libri Plureos GmbH
in Hamburg, Germany